最美的昆虫科学馆

小昆虫大世界

Kun Chong Ji

昆虫记

技艺高超的昆虫
——土蜂、长腹蜂

〔法〕法布尔／原著　　胡延东／编译

天津出版传媒集团

天津科技翻译出版有限公司

前　言

　　《昆虫记》是法国杰出昆虫学家、文学家法布尔的经典之作，它详细记载了多种昆虫的本能、习性、劳动、婚姻、繁衍、死亡、丧葬等习俗，堪称一部了解昆虫的百科全书。

　　然而《昆虫记》的意义又不仅于此，全书从人文关怀的视角出发，通过对昆虫习性的描写，展现了各种昆虫的个性特点，以及它们为了生存而做的不懈努力，体现了作者对昆虫的尊敬，对生命的关爱。

　　由于《昆虫记》是作者以"哲学家一般的思，美术家一般的看，文学家一般的感受与抒写"编著而成的史诗，也是尊重生命、讴歌生命的典范，所以它问世这一百多年来，便一版再版，先后被翻译成五十多种文字，一次又一次在读者中引起轰动。它的作者法布尔，也因对科学和文学方面的双重贡献，被誉为"科学诗人""昆虫世界的荷马""昆虫世界的维吉尔"。

　　作为中国中小学生的必读课外读物，《昆虫记》因其知识性和趣味性而备受关注，但它毕竟是一部科普巨著，这对课业繁重、理解能力有限的中小学生来说，是一项很大的"阅读工程"。所以本系列丛书就根据原版《昆虫记》所提供的有关昆虫生活习性的资料，以简单通俗的语言将每种昆虫的特点简要呈现出来，省去原书中专业化的术语及大量反复的实验论证过程，保留原书的叙事特色，让孩子在轻松愉快的阅读氛围中体验到昆虫王国的奇特。

　　本套《昆虫记》共分十册，其中《技艺高超的昆虫——土蜂、长腹蜂》着重讲述了长腹蜂、切叶蜂、黄斑蜂、采脂蜂、圣栎胭脂虫等几种昆虫的生活故事，对昆虫的一些共性话题，如认知事物的能力、在本能的驱使下所拥有的无与伦比的技艺等现象提出了独到的见解，再一次为读者揭开昆虫王国的神秘面纱。

目　录

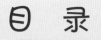

由长腹蜂所想到的　　05

它们不是"小呆瓜"　　29

优秀的裁缝——切叶蜂　59

织茸毛毡子的黄斑蜂　83

偏爱树脂的蜂儿　　103

圣栎胭脂虫　　123

由长腹蜂所想到的

追逐"热浪"的虫子

　　长腹蜂最喜欢烟囱和炉膛内壁这两处地方。我曾见过一只长腹蜂在阿维尼翁家的壁炉附近活动，两天后就见它筑了个蜂巢，将卵产在里面。可遗憾的是，由于观察起来很不方便，我无法确切知道长腹蜂是怎样跨过浓浓的烈火和令人咋舌的蒸汽的，只有尽可能地想象。而且由于我家在城市，墙壁比较白，不能为长腹蜂提供像农村房屋中那样被油烟熏得黑乎乎的壁炉。这些成为我观察长腹蜂活动的阻碍。

　　所以除了壁炉、厨房的天花板、谷仓的托梁上，蒸馏厂的任何角落，只

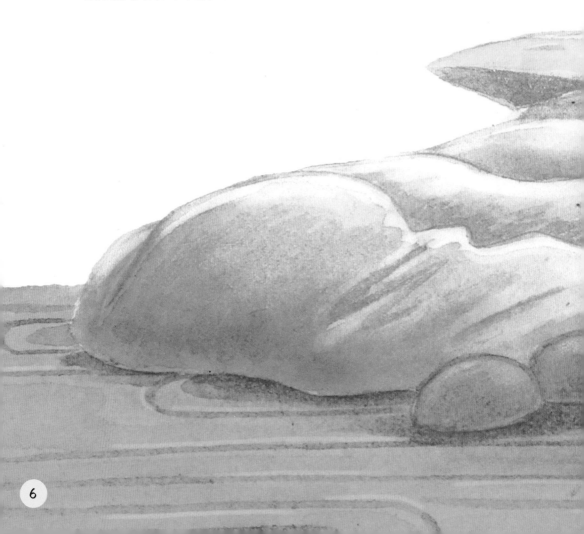

要长腹蜂认为孩子能在这里度过一个温暖的冬天，它都会将这里当做房址。因为长腹蜂非常喜欢高温的地方，它的幼虫在这样的条件下才能孵化。

最好笑的是，阿维尼翁一家农庄的厨房也成了长腹蜂的家，因为这里有一个很大很大的壁炉。中午，女主人在厨房里为农夫们熬好了汤，劳累了一上午的人们便开始准备吃饭，并顺手将帽子、罩衫挂在墙上。整个就餐时间很短，最多只有半个小时，但在这短短的半个小时里，长腹蜂就找到了最佳

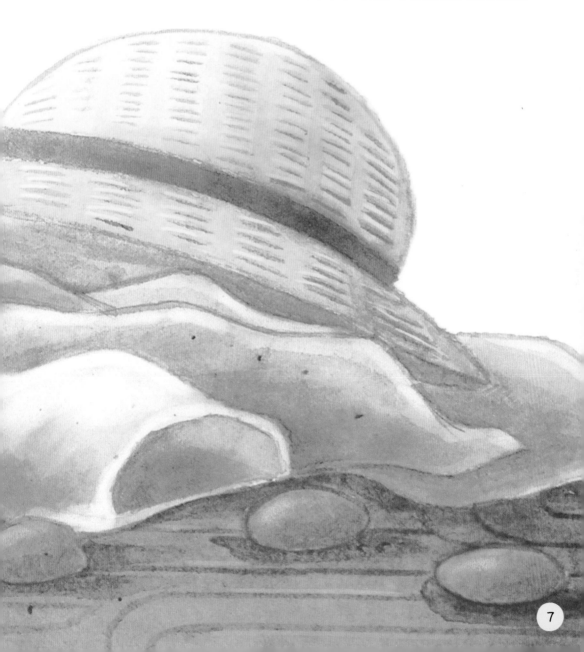

房址：农夫们的帽子和罩衫。结果农夫们再去干活时，不得不抖抖衣服，甩甩帽子，因为上面已经有了一块橡栗大小的泥团——这可是长腹蜂辛苦了半小时造的家呀！

女主人还向我抱怨道，屋里这种虫子太多了，窗帘上、天花板上、墙上、壁炉上，到处都是长腹蜂的泥团，她不得不每天抖动帘子，拍打天花板，努力将这些可恶的小家伙赶走。可这些小虫子实在是太可恶了，第一天赶走它们，第二天它们又来了，好像这里本来就是它们的家一样。

我完全理解女主人的遭遇，因为我太了解这些虫子了，它们一定会忠诚地对待自己的喜好，世世代代至死不渝。不过我倒愿意自己是那位女主人，这样我就能每天观察到长腹蜂的一举一动，不用苦恼没有观察对象了。

唉！我和那位女主人一样因为长腹蜂而苦恼，可是我们的苦恼又是那么的不同。

随意而平凡的家

　　长腹蜂的家非常简陋。房子建在一个摇摇晃晃的根基上，比如说人们的衣帽上、窗帘上。房子建造得也真是马虎，蜂巢全是由一些泥巴组成的，恐怕雨水一冲就会变成一摊烂泥巴。

　　但是，长腹蜂又是很勤劳的。我曾有幸目睹它们采集泥巴的过程，恐怕最能干的家庭主妇也没有它们这么细心。我看到它们扇动着双翅，高高地翘起四条腿，只用大颚搜集。这样，它们虽然站在烂泥中，但只有大颚直接接触泥土，全身上下一直小心地与泥土保持一段距离，不让自己弄脏。一会儿工夫，它们就采集到一块小豆子大小的泥团，然后用大颚咬着回去了。只要有湿润的泥土，它们就一直这样一边采集泥土，一边造房子，无论天气多么炎热，它们也不肯停下来休息一下。

　　可是，辛勤的劳动并不见得能换来丰厚的回报。在长腹蜂蜂巢表面滴一滴水，结果碰到水的那个地方，马上就变软了，看起来跟烂泥没什么区别。往上面稍微浇点水，蜂巢就好像受到暴雨的冲洗，彻底变成一摊烂泥。

这样的蜂巢怎么能居住呢？恐怕天一下雨孩子们就失去房子了。长腹蜂似乎也意识到了这点，所以我发现它们的蜂巢很少建造在户外，一般都是建造在人类居所内部，让我们的房子为它遮风挡雨。同时，它房子的所在地，除了保暖，还要防潮，壁炉因此成为长腹蜂的首选。

仔细参观一下居室的内部构造，我得承认，尽管长腹蜂不是一个杰出的建筑师，但它的蜂巢却仍然不失优雅。

长腹蜂的整个蜂巢近似于一个圆柱形，从顶部到底部逐渐增大，蜂巢的表面抹了一层均匀光滑的泥浆，一层层好像螺旋形流苏，每个条纹就是一个楼层。蜂巢内部是一个又一个小房间，这些就是蜂房了。有时，这些房间紧挨着排列在一条直线上，像一只排箫；有时这些房间又层层叠叠地集中在一起，卵稀稀落落产在里面，猎物蜘蛛也被一只一只地放进来。

产卵和储粮完毕，像所有谨慎的妈妈一样，长腹蜂也会将蜂巢的口给堵上。它会找一些防御性的泥团，然后用自己不太精细的抹刀，胡乱将这些泥团涂在蜂巢外层。于是，优雅的蜂巢消失了，漂亮的建筑成为一个难看的土坷垃，风干之后，好像一块猛然溅到墙上的泥巴。谁也不会想到这是长腹蜂妈妈建造的温暖城堡。

不过我不会指责长腹蜂不懂艺术，因为对它们来说，安全才是最重要的，生活还是实在一些好。

捕食蜘蛛

　　长腹蜂最喜欢的食物是蜘蛛。我撬开它的蜂巢，偷偷察看它的粮仓，发现粮仓里储满了蜘蛛，各种各样的都有，什么圆网蛛、类石蛛、满蟹蛛、管巢蛛、跳蛛、狼蛛等，其中以圆网蛛，尤其是冠冕圆网蛛最常见。

　　不过我最关心的问题是：长腹蜂是怎样捕捉蜘蛛的呢？我曾说过，蜘蛛身体强壮，有一个很厉害的螯牙。想要制服它，必须要有更厉害的武器，更矫健的身手，但这些条件长腹蜂看起来都不具备。因此我就对它制服蜘蛛的手段更加好奇。

　　我看到过这样的捕猎场面：蜘蛛慌慌张张地在前面逃跑，长腹蜂在后面紧追不舍，然后我还没看清怎么回事，蜘蛛就被长腹蜂捆住带走了。这个动作太快了，中间没有一点停顿。它不像其他捕猎者那样，先准备好武器，摆好姿势，然后再镇定地展开攻势。它的进攻是那么野蛮，冲过去，进攻，抓住，这样匆忙的进攻应该用不上麻醉术。

我观察了很多长腹蜂的蜂房，结果发现它们捕猎的蜘蛛体型都不太大，也许这是长腹蜂速战速决的一个因素。我用放大镜检查被长腹蜂掳走的蜘蛛，没看出什么特别的地方，但大概12天左右，它们的身体就腐烂了。因此我推测，蜘蛛被长腹蜂攻击之后，差不多已经死了，而且它也没有被麻醉，否则身体应该能保存更长的时间。

长腹蜂的蜂房中存放着好几只蜘蛛，幼虫在进食的时候，总是先用大颚将猎物捣碎，然后扔在一边，不久又重新拿起来啃咬，结果一会儿一只蜘蛛就被它啃咬得支离破碎，很容易腐烂。不过由于蜘蛛体型偏小的缘故，往往它还来不及腐烂，就被幼虫给吃掉了。而且我还发现长腹蜂幼虫进食的时候很有修养，总是吃完一只蜘蛛再吃另一只，绝不会这个咬一口，那个咬一口，因而其他蜘蛛总是完好无损，能在短时间内保持新鲜。

现在我知道长腹蜂为什么不捕捉那些体形大的蜘蛛了，可能一方面因为大蜘蛛不好被打败；再就是，体形大的蜘蛛短时间内难以被吃完。试想一下，幼虫将一只大蜘蛛啃得乱七八糟，结果猎物很快就腐烂了，但幼虫还没吃完，再吃就要啃到腐败易中毒的食物了。而小型猎物，却完全不用担心这个问题。所以现在我觉得，长腹蜂给孩子挑选食物的举动非常明智。

滑稽实验一

长腹蜂总是将卵产在第一只蜘蛛的肚子上，然后再去捕猎。我就趁它飞出去的时候，将这只蜘蛛和上面的卵一起偷走了。这样，长腹蜂回来的时候，面对的必然是一个空窝，它肯定能看到这一点。如果它有一点点理性，一定会有所反应。

不一会儿，长腹蜂就带着收获的喜悦，捆着第二只蜘蛛飞回来了。回来之后，它满怀热情地将猎物放到粮仓中，似乎对自己的勤劳能干很满意。然后呢？然后它又飞出去寻找第三只蜘蛛了。蜂房里已没有了孩子，没有了第一只猎物，很明显粮仓已经失窃。如果不快点找出孩子和猎物，不作出补救措施，后面捕捉再多的猎物还有什么意义呢？可是长腹蜂不会这么想，它的生命程序告诉它现在是储粮阶段，它只要不停地捕猎并将猎物带回家就行了。至于这些粮食给谁吃，丢了没有，是否要去寻找，这些都不是它关心的问题，它只是遵照生命流程按部就班地劳动而已。

趁它出去寻找第三只蜘蛛的时候，我又将第二只蜘蛛偷走了。后来它带回来一只，我就偷走一只，如此进行了两天，它总共带回来20只蜘蛛，这些蜘蛛无一例外都被我转移走。于是它每次回来，面对的始终是一个空空的蜂房。即使如此，它也没什么异常举动，依旧老老实实将猎物放到粮仓，然后再热情洋溢地出去捕食。到了最后，也许长腹蜂觉得累了，也许它认为蜂房里的食物已经差不多够吃了，于是不管蜂房仍旧空空，认真地用泥土将没有孩子、没有食物的蜂房给封闭了。

如果你还记得石蜂的话，那么你一定记得那些令人捧腹的实验，它只会按照程序办事，没有一点智慧，不考虑突发状况。现在看看长腹蜂的行为也是如此。它才不管自己的工作是否有意义，只知道跟着程序走。

滑稽实验二

　　长腹蜂在建房子到了尾声的时候，总会用一些粗糙的烂泥巴把优雅的蜂巢糊上。现在，我就打算在这个地方再跟它开一个小小的玩笑。

　　一只长腹蜂将蜂巢建在一堵白石灰墙上，现在，它准备往蜂巢上抹泥巴了。趁它外出采集泥巴的时候，我将它的蜂巢抠了下来，结果石灰墙上只留下一层薄薄的网，隐隐约约显出蜂巢的轮廓，上面还沾着几块零星的泥巴。

　　长腹蜂抱着泥团回来了，面对着徒有轮廓实际上已经不存在的"蜂巢"，长腹蜂没有丝毫犹豫地就将泥巴抹在墙上——这原本应该是抹在蜂巢上的。可你看它的表情，它那个认真劲儿，似乎并没觉得自己在往房基上抹泥，而是像正常一样，正在粉刷蜂巢。也许它还越干越高兴呢！因为这个过程就是为了掩盖蜂巢的优雅，使它变得像一个毫不起眼的泥块。

可是，正常来说，蜂巢应该是立体的，凸凹有致的，不是房基这样光秃秃的平面。长腹蜂粉刷了一段时间，应该觉察出异样了吧。也许过一段时间它就会意识到自己错了，然后停止做这项没有意义的工作。我好心地这样猜测。

事实再次证明我高估了它的智商。在这个蜂巢已经不存在的房基上，我看见长腹蜂来来回回30多次将采集的泥巴认认真真地抹在墙上，好像根本就是我看花了眼，实际上蜂巢依旧存在一样。

长腹蜂比石峰更笨，它的"家"早已经不存在了，被我抠走了，现在它房基的所在地空空如也，只剩下一堵墙，连一个家的实体都没有了。愚蠢的长腹蜂，什么也触摸不到，却还在"脑子"里想象着这里存在一个家，热情地向这个地方抹泥巴。

我还用了大孔雀蛾做实验，将正在结茧的幼虫的"家"剪了一个洞，已经过了补洞程序的大孔雀蛾幼虫果然不再补洞，而专注做下一个程序的事。

令人感慨的结论

长腹蜂乐此不疲地为一个没有卵的窝储粮，为一个不存在蜂巢的房基抹泥巴；大孔雀蛾幼虫不顾无法羽化成蛾子的危险，不补洞，只专注结茧，这些行为就是昆虫弱智的最好证明。类似的例子我还能举出来很多。

这些证据告诉了我们什么？我不忍心总说虫子们是弱智儿，可事实告诉我它们的确如此。它们实际上就是愚蠢的，只要它们正常的工作进度被打断，它们就会犯这些弱智的错误。不是偶然，也不是粗心大意，而是只要遇到这样的打扰，它们就会犯错。这说明它们对待突发情况根本没有一点应变能力，这种稍微需要动点脑子就能想到的办法，它们根本不知道。因为它们根本没有脑子，没有智力。

本能事先已经为昆虫安排好了生命的程序。就像流水线作业一样，它只要按照这个程序按部就班地做就可以了，不需要知道为什么，也不需要对程序作出什么改变。长腹蜂寻找丢失的卵就是改变程序，寻找丢失的蜂巢也是改变程序，这是不可能的。所以大孔雀蛾幼虫也不可能返回来补漏洞。程序只会向前进行，不会退回来。

一旦它们按部就班的生活受到干扰，不管原来它们多么优秀，也不管它们是麻醉师还是建筑工程师，所谓"一丑遮百俊"，它们面对打扰所表现的愚蠢行为使我们忍不住称呼它们为"弱智儿"。它们的的确确没有一丁点应变能力，只是遵循着生命的流程，我行我素地工作下去。它们也不懂得从失败中吸取经验教训，下次遇到同样的干扰它依然会表现得那么弱智。

总之，虫子根本没有丝毫的智力可言，指挥它们行动的只是本能。在自然状态下，本能是万无一失的，坚持使用一种好方法不失为明智的选择，但只会用这种方法，不懂得改进和变通，那就没有进步。这就是我对虫子的告诫。

长腹蜂·麻雀·房屋

　　长腹蜂是用泥土盖房子的，所以稍微有点湿气，蜂巢便会变成一摊烂泥。因此，它必须找一个既高温又防潮的地方居住，我们人类的居所便成为它的最佳选择，所以它才经常会出现在壁炉里或者厨房的天花板上。

　　这让我想起另一个问题：很久很久以前，在人类还没有学会盖房子的时候，长腹蜂将蜂巢建在哪里？在壁炉出现以前，它的卵需要借助什么高温工具来孵化呢？更早以前，在古加那克人还没有出现的时候，在连树枝和泥巴搭建的小茅屋也没有的时候，在最后一个来到地球上的物种——人类出现之前，长腹蜂在哪里造房子呢？

　　这并不是我无聊时突发奇想的问题，其实这个话题也很有意义，它让我想到麻雀和燕子。这两种鸟的巢也是依靠人类的居所建立起来的，只是它们需要的不是壁炉和天花板，而是屋顶和有窟窿的墙壁。那么在很久很久以前，在人类出现以前，在有屋顶和带窟窿的墙壁出现之前，麻雀和燕子将窝建在什么地方呢？

　　现在先让我们看看麻雀的窝。

　　我们应该猜到，在人类和房屋出现之前，长腹蜂、麻雀、燕子它们一定还有一套自己的办法，正是这种办法帮助它们熬过了没

有人类和房屋的漫长时光。

麻雀的办法，我首先想到了树洞。因为树洞很高，猛兽或者其他敌人不容易够着；而且树洞的口比较狭窄，雨水也灌不进去；最重要的是，树洞里面有足够宽敞的空间，可供它和自己的孩子居住。因为这三个理由，树洞便成了麻雀房基的首选，这点连掏鸟窝的小孩子都知道。

再来看看麻雀的窝。窝的材料很简单，树枝和羽毛、旧棉絮、碎布等保暖材料。它在造窝的时候，先用几根小树枝做成架子，然后塞上树叶、干草、羽毛、麦秸等东西，造成一个大空心球，在旁边留一个出口，这就是一个家了。如果找不到树洞的话，它可能就采用这种方法造窝了。

我的院子里有两棵高大的法国梧桐，长得很好，树阴遮盖了整个院子，树枝触及屋顶。可能麻雀发现了这里有充分可利用的树枝，于是这两棵紧靠房屋的梧桐树的青枝绿叶就成了麻雀飞出巢的第一个停靠站和休息所、娱乐室。整个夏季，它们就在这两颗梧桐树上热热闹闹地消磨着时光。每天早上太阳升起之后，小麻雀就在树枝之间叽叽喳喳地歌唱。会飞的麻雀便一路飞向田间，让自己吃得肠满肚圆。成年的麻雀则一边照顾刚出生的雏儿，一边教育家里那些半大孩子，避免它们兄弟姐妹之间打架。还有一对老夫老妻麻雀，不知因为什么吵了起来，两只鸟儿便在树枝之间你追我赶地啄着。

从早到晚，麻雀们就在屋顶和梧桐树间飞来飞去，这些居民每年夏天都重复着这样的家居生活。但12年过去了，我只亲眼见过一对麻雀夫妇将巢筑在树枝之间。很显然它们对这个房基极不满意，因为第二年我便见它们舍弃了这个地方。大部分麻雀最喜欢的房基，仍然是人类的居所，我家屋顶上为它们提供了足够安全稳固的空间，很多麻雀便以我家屋顶为根据地建起了房子。

燕子的方法

麻雀最早的时候可能以树洞为房基，那么燕子会使用什么办法？

我们这个地区有两种燕子，一种燕子喜欢在屋檐下和建筑物突起的墙饰下筑窝，窝呈半球形，我称它为"墙燕"；另一种燕子喜欢在我们的居所内筑窝，窝呈敞开的口杯状，我叫它"家燕"。

墙燕对房基的唯一要求，就是有一个挡雨的地方。比如我的屋檐向前伸出有几排砖那么宽，就很受墙燕的青睐，所以我的屋檐下总是有一长串半球形的燕窝。家燕喜欢将巢建在室内，不知它是惧怕寒冷还是更信赖人类，弃置的房屋和谷仓、马厩也是它建房的首选地址。这点与长腹蜂很相似，它们为了追求舒适温暖，才不管人类喜欢不喜欢，也硬要往人家屋里钻。

但它们对房基的选择又不仅仅如此。如果某处峭壁上有一块凌空突出的地方，能起到挡雨的作用，墙燕也会将这里当作自己的房基，我的确在吉贡达山一座陡峭的悬崖下看到过墙燕的家。由此可见，在很久很久以前，当房子还没出现的时候，墙燕找不到屋檐和墙饰的时候，很可能就将窝筑在笔直的岩石壁上。

可是，家燕如此喜欢人类的房屋，那么，在很早很早以前，人类不会建造房子的时候，它们将家安在哪里呢？

我查阅了很多书籍，书中都没有提到过这两种鸟儿很久以前居住在什么地方。难道，因为它们与人类一起居住的时间太久，人们竟忘记它们最古老的住房习俗了吗？

我坚信鸟儿们不会忘记自己习俗，只要遇到契机，它们会本能回忆起过去的生活。现在一定还有一些地方的燕子不依赖人类的房屋而单独建造房子，就像人类和房屋没出现以前那样。即使是最喜欢人类居所的家燕，在很久以前，也可能会寻找某个天然的岩洞、洞穴或者其他坑洼的地方筑窝。也许很久以前不会造房子的人类，那个时候也选择天然的岩洞、洞穴或者其他坑洼地方居住，因而与家燕建立起亲密的友谊。只是人类文明不断进化，它也跟随着人类的脚步搬进了无比舒适的家中。

古老的习俗

喜欢在人类居所中筑窝的动物，在人类房屋没出现之前，一定还有别的房基选择。这样，即使在深山老林没有人类房屋的地方，它们依然还可以用老办法。麻雀筑窝在大树上、墙燕筑窝在悬崖峭壁就是最好的说明。当人类居所出现之后，它们发现房屋比大树和悬崖峭壁更适合当房基，于是便选择跟随人类居住。

我们暂且结束麻雀和燕子的话题，将注意力重新转移到长腹蜂身上。

我曾发现过长腹蜂筑在房屋之外的窝。那是一个乱石集中地，地上堆满了碎石子。这里最活跃的居民就是田鼠，它们总是在这里享用偷来的杏仁、橄榄核等淀粉类食物，不时也会找几只蜗牛来改善一下伙食，于是地上就有很多蜗牛壳。那些喜欢装饰房子的膜翅目昆虫，如黄斑蜂、蜾蠃经常会来这里寻找蜗牛壳，我便跟随这些虫子来到这里。

有一次，我在碎石子的深处，一堆比两只拳头稍大的碎石上看到了两个长腹蜂的窝。还有一次，我在一块平坦的大石头下也发现了一个长腹蜂的窝。这三个窝，无一例外地经常饱受风吹雨打，窝的材料仍然是泥巴，可能因为风雨的缘故，这些窝都湿漉漉的，跟一摊烂泥差不多。很明显，将窝建

在这里是很不明智的选择。

我几乎已经可以确认，在很久很久以前房屋还没有出现的时候，在找不到温暖壁炉的时候，长腹蜂很可能将蜂巢安在石子堆深处、不接触地面的石板下面。虽然我找到的证据很有限，但已经看到了这种可能，至少能说明没有人类的时候它们依然有住的地方，只是环境很差而已。

我一直怀疑长腹蜂来自炎热的非洲，只是因为难以适应我们这里的温带气候，所以不得不努力寻找温暖干燥的地方。很明显，我们这里的乱石堆深处，大石板下面并不是蜂巢理想的房基，所以我只找到了三个蜂巢，否则的话，肯定会有很多长腹蜂妈妈发现这块风水宝地。于是我猜想，在遥远的非洲，热带地区，长腹蜂应该经常把蜂巢建造在大石板下面。

假如我生活在热带的马来西亚，我会将所有的石子堆都翻遍，我相信一定会发现下面有长腹蜂的巢，因为在石板下筑巢应该就是它们最古老的习俗。

小贴士：长腹蜂的高明

你知道吗？长腹蜂在昆虫界也是一位很优秀的虫子，你看看它的喂食方法就知道了。

现在我们已经知道，因为长腹蜂不擅长使用麻醉术的缘故，它的孩子难以吃到新鲜的食物。于是它就稍微变通了一下，专门捕捉体形小的食物，这样孩子即使将食物啃咬得乱七八糟也没事，因为食物还没来得及变质，就被吃光了。

这是它其中的一个高明之处，现在我要重点讲述它另一个高明之处。

如果你还记得蜾蠃的话，应该知道，它的猎物在蜂房内都蜷缩着身体，按照捕捉的先后顺序，一只一只层层叠放在洞口。这样叠放的好处是，孩子进食时更安全，最危险的在最外面，离孩子最远。最危险的同时也是最新鲜的，所以放在后面还可以保存得更久一些。

长腹蜂准备食物的方法，与蜾蠃有异曲同工之妙。只是它直接将猎物杀死了，这样猎物就对孩子不构成什么危险了。但尽管如此，它也采取了与蜾蠃同样的方法，根据猎物的捕获顺序，将它们一只一只叠加到洞口。最早被捕获的那一只，就在最底层，就在孩子身边，最后捕捉到的则在洞口，这样做的好处依旧是尽可能地保持食物的新鲜。

长腹蜂的猎物已经死了，不是被麻醉了，所以更容易变质。变质最早的，应该是最先捕捉到的那一个，所以将它放在最里面，孩子最先吃到的地方，这样它还来不及变质，就已经被吃掉了。第二只由于捕捉的时间稍微晚一点，可以多存放一会儿，所以晚一点吃也没关系，因此就将它放在第一只猎物后面。依此类推，最后那一只，相对来说最新鲜，可以存放最久，所以将它放到最外面，孩子最后一个吃到它。

　　这样的安排，就可以保证每只猎物未等到变质，就被孩子吃掉了，最大可能地保证了孩子们总能吃到新鲜的食物。

　　此外，长腹蜂也是一个很能干的妈妈。它的喂食方法不像泥蜂那样，每天给孩子送一只猎物，这样它就得天天跑去喂食，很容易被寄生虫盯上。长腹蜂采取了大多数妈妈的做法，一次性将食物给孩子准备好，然后就永远封闭了蜂房。只是它准备食物的过程要比其他妈妈要辛苦得多。

　　长腹蜂不擅长麻醉，被猎到的食物多存放一分钟，就多一分钟变质的危险，所以它必须尽快将所有食物准备好，送到孩子面前。一个孩子的成长过程可能要吃十几只蜘蛛，一般这项工作它会在一个下午就完成。在短短三四个小时内，它要连续捕猎十几次，工作效率非常高，非得有"拼命三郎"的劳动热情，才能有如此成就。

它们不是"小呆瓜"

生命不是运转不休的机器

昆虫本能这个话题我已经说过很多了。节腹泥蜂麻醉吉丁是本能；石蜂用石灰质原料筑巢是本能；胡蜂将卵悬挂在天花板上是本能；泥蜂将猎物层层叠叠堆放到洞口也是本能。

除了本能，昆虫还有另一种能力，这种能力会指导它去寻找、接受、拒绝、选择。例如，长腹蜂喜欢在壁炉里筑巢，当找不到壁炉的时候，它也会选择温暖的厨房当做筑巢的地方，实在没合适的地方它还会选择石板下面。我不认为这种能力是一种智慧。因为我向来觉得它的智商很有限，这最多称得上是一种辨认识别能力，所以我称之为鉴别力。

我认为，指导昆虫一生活动的能力，就是本能和鉴别力。

从某种程度上来说，本能是一种完美的东西。首先因为它是与生俱来的。每种昆虫一出生就掌握了本家族的看家本领，节腹泥蜂会麻醉，石蜂会做水泥房子，砂泥蜂了解猎物的生理构造，等等。它们根本不用费心去学习寻找猎物的神经节，也不需要反复尝试刺杀猎物，更不用上化学课来了解石灰的形成。即使遇到一种没有见过的虫子，只要本能告诉它那是自己的猎物，它就一定能完美地解决掉对方，熟练程度就好像已经训练过千百次一样。除非天生就知道，对没有智力的虫子来说，通过反复训练将一种工作做得这么完美简直不可能。因为是天生的，所以很熟悉。

本能的完美还在于，流程非常科学。婴儿天生就会吃奶，即使智力有障碍的人，他一出生也会用嘴吃奶，之后还会吃饭，不会用鼻孔或者耳朵来吃东西。虫子有虫子的流程，比如说砂泥蜂会骑在黄地老虎幼虫的身上，先用螯针麻醉第一个神经节，然后后退着依次麻醉其他神经节，直到将所有的神经节都完全麻醉。这是一个科学的流程，必须先麻醉前面最大的神经节，然

后麻醉威胁较小的后部神经节。这个顺序不能变，只有先解除了危险性最大的神经节，后面的工作才会容易得多。类似的例子还有蛛蜂捕猎蜘蛛，必须首先麻醉蜘蛛的螯牙，解除它的武装，然后再彻底制服它，只有按这个顺序才能打败敌人。如果不具备这样的条件，蛛蜂宁愿徘徊在蜘蛛网外，也不会轻易动手。

但是，无论昆虫的动作多么熟练，天生的流程多么完美，我们却不能将这些当做智慧。石蜂虽然很擅长造房子，但是造房子这个程序结束后它就只顾着采蜜了，即使房子有洞，蜂蜜流个不停，它也全然不顾；长腹蜂聪明地根据猎物的新鲜程度层层摆放，但却对蜂巢中已没有卵这个事实视而不见，依旧乐此不疲地往没有卵的蜂房里运送猎物；大孔雀蛾幼虫会织"出去容易进来难"的锥形茧，但你如果在它已织过的地方剪一个洞，它也不去修补，仍旧低头忙自己的事，最后竟然在这所破损的房子里化蛹……

昆虫界类似的例子有太多太多。在本能的驱使下，它们会完成一系列在我们看来高难度的工作。但是只要遇到意外，它们就会做出在我们看来很滑稽的行为，因此我多次将它们称为"低能儿"。

有些人看到这里可能会质疑了：既然昆虫只会根据已经安排好了的程序往前运转，不会停下来改正过错，没有一点应变能力，它们与一台一旦发动起来就不会停下来的机器有什么区别？

不，它们不是机器，因为它们还有"鉴别力"。

鉴别力赋予生命尊严

生命有生命的尊严。虽然昆虫只会按照既定流程行事，不会变通，但作为令人惊叹的生命，它身上仍然有很多令人称奇的行为，这些是非生命物质所不具备的。

长腹蜂从来都是用泥土筑巢，这是本能，世世代代的长腹蜂都是如此，它不可能像石蜂那样用石灰质材料筑城堡。泥土材料决定了它必须寻找一个温暖、防潮的地方筑窝，因此它选择了不接触地的石板。石板在室外，仍然不是家居的最好环境，如果能找到一个更好的地方，比如说厨房的天花板、窗帘，或者客厅的壁炉上，那么它一定会选择这个更温暖、更干燥的地方。事实上我们已经看到它更喜欢我们人类的居住环境，渐渐抛弃了将巢安在石板下面的古老习俗。这个选择和抛弃的过程，就是长腹蜂的鉴别力，它意识到了居住在人类的壁炉里比居住在野外的石板上更舒适。

长腹蜂的猎物是蜘蛛，世世代代的长腹蜂都以蜘蛛为食，这是本能。无论发生什么变化，它的家族都会以蜘蛛为食，不会改吃蝗虫或其他别的猎物。本能告诉它吃什么它就吃什么。它最喜欢的蜘蛛是圆网蛛，所以它会捕捉很多圆网蛛留给自己的孩子。可是一旦没有了圆网蛛，它也会捕捉其他蜘蛛喂养自己的孩子，不会在一棵树上吊死。在无数种昆虫中，它认得哪些是蜘蛛，哪些不是，它有辨认蜘蛛与非蜘蛛的能力，这种能力也是鉴别力。

毛刺砂泥蜂拥有无与伦比的麻醉技术。它熟知猎物的每一个神经节所在之处，会将体型庞大的黄地老虎幼虫的神经节逐一麻醉，完美地使那个庞然大物瘫痪。这种巧妙的捕猎技能就是本能，任何后天的学习、尝试都不可能做到它这么精确、完美。今天它捕捉了一只黄地老虎幼虫给孩子吃，明天它可能捕捉一条绿色的虫子，后天它可能捕捉一只长相奇怪的舟蛾幼虫，大后天它可能捕捉一条其他的什么花花绿绿的幼虫。毛刺砂泥蜂不为猎物的不同外表所困惑，它知道它们都是肉质肥美、神经节每个体节分散的虫子，就毫不犹豫地选择上去麻醉。这就是鉴别力在发挥作用。

切叶蜂的本能是将叶子切割成圆形或椭圆形的样子，然后用这些叶子做成袋子，将蜂蜜装进去，在里面产卵。黄斑蜂的本能是在囊中填充植物茸毛，做成毡子。采脂蜂的本能是用树脂做成蜂房……每种昆虫都有自己专属的技能，谁见过切叶蜂切割植物茸毛？谁敢说黄斑蜂会将玫瑰叶切成小圆片？谁又听说了采脂蜂不采树脂而改采土块？不会发生这种情况的。每种昆虫都保持了自己的特色，现在这样，将来也是这样，永远不会发生变化，这是本能赋予它们的特征。

会变的只是材料。切叶蜂喜欢切割玫瑰叶，没有玫瑰叶的时候，它会选择丁香叶。黄斑蜂喜欢搜集矢车菊上的白茸毛，没有矢车菊白茸毛时，它就改用另一种菊科植物的茸毛。采脂蜂喜欢松树上的树脂，没有松树树脂的时候，它也可以选择柏树、雪松、冷杉等其他树上的树脂。

昆虫这种在一定范围内的选择行为，我认为就是一种鉴别力。这与本能是完全不同的一种能力。它的特点在于有一定的灵活性，这种通过寻找、接受、拒绝来进行选择的鉴别行为，能为昆虫带来更好、更舒适的生活环境。本能则不然，本能拒绝一切变通，吃桑叶的只能吃桑叶，使用麻醉术的只能用麻醉术，住石灰城堡的也绝不会改住泥土蜂巢。

多种多样的"宅基"

就像我有足够证据证明本能的特征是亘古不变一样，我也有充分的理由说明昆虫都能用鉴别力灵活地做出更好的选择。这样的例子比比皆是。

比如说棚檐石蜂吧。它在选择筑巢地点时所做出的选择，我觉得就是鉴别力的最好运用。

"棚檐石蜂"这个名字真是名副其实，它们经常群居在仓库内的瓦片里，庞大的蜂巢群让人担心屋顶的承受能力。在这个属于它们的城堡里，它们代代扩充。我很少看到它们在别的地方筑窝，屋檐就是它们最喜爱的房基。但屋檐这个宽敞明亮又遮风挡雨的风水宝地，并非所有棚檐石蜂都能有幸抢到，更多蜂儿只能选择其他差一些的居住环境，比如说石头上、木头上、玻璃上、金属上，等等，差不多到处都有棚檐石蜂的小城堡。

夏季，我的暖房是棚檐石蜂最好的居住地。这里光照强烈，温度恒定，成群的棚檐石蜂每年都来我家定居。它们有的将家安在玻璃上，有的安在钢筋构架上，还有的安在百叶窗框边的墙缝里，还有的甚至准备居住在锁眼里。总之，到处都可能成为它们的宅基地。最终，我的居所也成了它们的免费别墅。

很明显，它们像长腹蜂一样，也喜欢人类的房屋，喜欢享受人类建筑文明的成果。那么，在没有房屋、没有人类之前，棚

檐石蜂将窝建在哪里呢？它们应该也有属于自己的古老习俗吧？

　　没错，如果没有人类的房屋，它们还有别的选择。比如，它们会将蜂巢建在卵石上，我经常在卵石上看到一些核桃般大小的蜂房群落。它们也会将蜂巢安在树干上和橡树皮的凹坑里，我也搜集了一些这样的蜂巢，只是数量不多而已。最令人称奇的是，我曾见过两个很特别的蜂巢，一个建在大腿那么粗的秘鲁仙人掌沟纹中，一个建在印度无花果的扁茎上。这两个满身是刺的植物，我想不通棚檐石蜂为什么要将蜂巢安在这里，也许它们认为仙人掌的刺可以当做蜂巢的防御武器吧！

　　总之，棚檐石蜂在选择房基时非常灵活。它喜欢屋檐式的环境，当没有屋檐的时候，它也可以退而求其次，在百叶窗附近的墙缝里安家，在光秃秃的卵石上安家，甚至在一株长满刺的仙人掌上安家。只要它觉得支撑物够坚固，它都可以接受。

　　与棚檐石蜂类似的还有它的亲属，如卵石石蜂、灌木石蜂，它们在选择房基的时候也相对灵活。卵石石蜂可以接受石子，也可以接

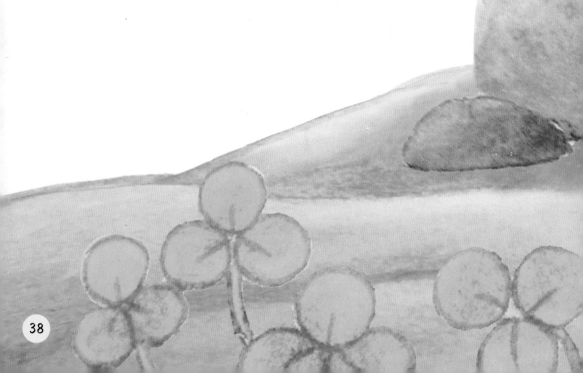

受墙；灌木石蜂则喜欢木本植物的枝桠，至于哪种木本植物则无所谓，百里香、岩蔷薇、榆树、松树等，几乎所有木本植物它都能接受。

石蜂选择房基的多样性证明，昆虫是有鉴别力的，它会选择所有自己可接受的环境。

蜂房结构的多样化

　　除了房基选择的多样性，我还可以证明昆虫在安排蜂房结构时，也运用了鉴别力。

　　以三叉壁蜂为例吧，它的蜂巢也要求建在干燥的地方，一般它会将蜂房安排在石堆底下的蜗牛壳里和没有涂灰的石墙里，棚檐石蜂、条蜂的旧巢也是它钟爱的地方。我还发现，禾本科植物芦竹也是它最喜爱的地方之一，可是从前的三叉壁蜂从来没有在这里安过家呀！

　　我剪了一些芦竹，确保茎秆稍微裂开一条缝，使三叉壁蜂能钻过去，水平放在实验室里，人为地为三叉壁蜂创造了一个居住环境。然后，我将蜗牛壳和芦竹同时放在三叉壁蜂面前，看看它会选择哪种材料造房子。

　　三叉壁蜂们对于我创造的环境反响如何呢？它们竟然抛弃了祖先居住的蜗牛壳，对我的芦竹表现出空前的欢迎。是什么原因导致它们放弃蜗牛壳内那螺旋形坡面，改为追逐芦竹那圆形的通道？这可是它们的祖先从来都没有尝试过的居住环境呀！

　　原因是：三叉壁蜂的蜂房需要一定的大小。对于内径大小合适的芦竹来说，它只需在蜂房之间竖一堵隔墙就造成了一间蜂房。蜗牛壳虽然也能为三叉壁蜂提供生长空间，但蜗牛壳是螺旋状的，内部空间大小不一。太小的地段不适合做蜂房，太大的地段还需要三叉壁蜂另外造一个天花板来确保蜂房的容积，另外还要再竖一堵隔墙，劳动量太大。大小正好的空间又很少，所以每个蜗牛壳内只能产几枚卵，剩余的卵还要另外找蜂房。相对于蜗牛壳，使用芦竹可以大大节省劳动力，这就是它选择芦竹的原因。

　　因此，尽管世世代代的三叉壁蜂都没有使用过芦竹造房子，但只要适于三叉壁蜂家族繁衍，它就喜欢。这可是有大量实验根据的，我将20多个蜗牛

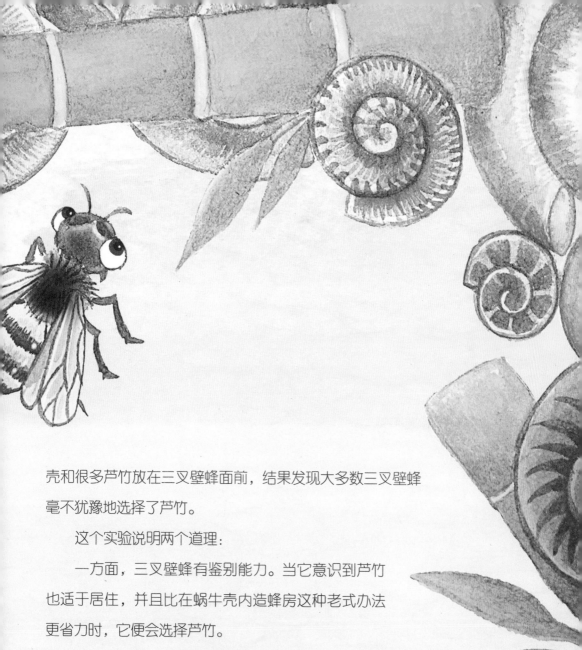

壳和很多芦竹放在三叉壁蜂面前，结果发现大多数三叉壁蜂
毫不犹豫地选择了芦竹。

这个实验说明两个道理：

一方面，三叉壁蜂有鉴别能力。当它意识到芦竹
也适于居住，并且比在蜗牛壳内造蜂房这种老式办法
更省力时，它便会选择芦竹。

另一方面，三叉壁蜂的选择是瞬间完成的，不需要学习、摸索和
祖先的遗传。因为它们在此之前从来没有接触过芦竹造的蜂房，一旦发现芦
竹是可用的，立即就在里面造好了蜂房，没有丝毫的犹豫。

也许有人会问了：你凭什么说三叉壁蜂之前没接触过芦竹式蜂房？

原因有二：

1.芦竹这种植物不适合三叉壁蜂长期、经常性地在其中建蜂房。三叉壁蜂不会钻孔，所以钻不进去。我的实验之所以成功，是因为我特意为它留了可钻进去的缝隙。自然状态下的芦竹是竖直生长的，这样横截面就不能保持水平，雨水进去就会打湿蜂巢。因此我在实验中使其保持水平。此外，芦竹还不能横卧在地上，否则蜂房容易受潮。三叉壁蜂以芦竹筑巢的房基必须同时具备可钻入的缝隙、不会被雨水淋湿、不容易受潮这三种条件。芦竹在自然条件下是不可能具备的，只有人为刻意的安排才能为壁蜂提供这种合适的生存环境。这是三叉壁蜂之前没有在芦竹中建蜂房的最重要原因。

2.我试验中所用的三叉壁蜂，是我特意从采石场找来的。那里常年气候干燥，碎石和蜗牛壳成堆，刚好适宜三叉壁蜂安家。性格内向不喜欢活动的三叉壁蜂是不可能从这里搬家的，它们世代聚集在此，怎么会了解芦竹呢？怎么可能有机会在芦竹内建造蜂房呢？

所以上面我得出关于三叉壁蜂的两个结论，完全正确。

鸟儿的回答

　　我在对石蜂和三叉壁蜂进行实验的过程中，它们都告诉我，为了追求舒适的居住环境，它们会自觉地去寻找、去比较、去选择，这就是它们的鉴别力。

　　其实，不仅仅虫子有这样的鉴别力，鸟儿也有。

　　比如说燕雀，它在筑窝的时候会在巢的最外面用一层地衣，目的是为了加固雀巢。但是如果找不到地衣，它也不会置孩子的安全于不顾，它会选择其他有加固作用的东西，如用松萝长长的藤须、梅花的圆花饰、牛皮叶的薄膜。如果连这些材料也找不到，它就用石蕊植物的荆棘代替。总而言之，当缺少一种建筑材料时，燕雀不会就此罢了，它会根据自己有限的知识，尽可能寻找其他材料代替。尽管这些材料外形、颜色、硬度等特征差别很大，它也会毫不犹豫地征用。

　　每一种鸟儿都有自己偏爱的东西，燕雀偏爱地衣；伯劳就偏爱灌木丛荆棘，也偏爱一种毛茸茸的浅灰色植物。

灌木丛荆棘是伯劳加工食物的工具。它们经常会将蜥蜴、螽斯、幼虫、金龟子等野味挂在荆棘上，等到野味晒干变臭之后再食用。浅灰色植物是伯劳喜爱的建筑材料，一般是地匙菌属絮菊，尽管它的窝很大，用材很多，但它几乎只用这种材料。如果找不到地匙菌属絮菊，它也会用日耳曼絮菊代替。因此我们地区的人，干脆将地匙菌属絮菊和日耳曼絮菊这两种植物叫做"伯劳的草"，可见它对这两种植物的喜好程度。

当你看到这里，也许你会认为伯劳比较固执，严格要求自己只选择这两种植物。那你就错了。絮菊类植物在平原上很多，在干燥的丘陵地区就很少了，那些居住在丘陵地区的伯劳，根本不想飞很远的距离去寻找建筑材料，否则建造好一个窝不知要来来回回飞多少趟。丘陵地区广泛生长着薇柏草，叶子小小的，有茸毛，它开的花是一小簇一小簇的，跟絮菊很像。还有一种植物，叫做不凋花。附近实在没有絮菊类植物的时候，伯劳也会用薇柏草和不凋花来代替。

有时候，伯劳甚至会用非菊科植物来搭建窝巢。我观察了大量伯劳的巢，仔细检查了它们的窝，列出这样一个建筑材料清单：比斯开旋花属植物、并蒂莲、芦苇属茎梢花球、蓝苣属植物、三叶草、草原香豌豆、荠菜、外地蚕豆、小孢子菌、草原早熟禾等。这些植物的外表看来与"伯劳的草"相差甚远，但它们却意外地也成了伯劳的建筑材料。

不管是伯劳的草还是上述这些植物，我发现被用来建筑巢的植物，茎梢上都有含苞未放的花蕾，所有的细枝已经晒干，但仍然保持着新鲜的绿色。这说明，这些植物都是被快速晒干的。我很少见到伯劳拣那些久经风霜而变干的枝条，那样的枝条容易断裂。而且我还惊奇地发现，这些枝条是伯劳自己晒干的，我就撞见过它蹦蹦跳跳地啄着一株比斯开旋花细枝条放在地上，还将它割下的草摊开放在地上。

伯劳和燕雀的例子充分证明，鸟儿在选择建筑材料时，充分发挥了鉴别力的作用。而这种能力，正是一向谨遵本能的虫子善于运用的，石蜂、三叉壁蜂、切叶蜂、黄斑蜂、采脂蜂等虫子的例子都能证明这一点。

三叉壁蜂的权衡

　　大量事例告诉我，指导虫子一生活动的能力，除了本能，还有鉴别力。其中鉴别力发挥着不断改善居住环境、提高生活质量的作用。三叉壁蜂的例子还让我惊奇地发现，它们衡量生活质量高低的标准之一，是在不影响生活质量的前提下尽量少干活，少出力，即"最省力原则"。

　　使我得出这个结论的是，三叉壁蜂选择芦竹放弃蜗牛壳的行为。现在我打算用实验来证明我的推论。

　　实验是这样安排的：准备大、中、小三种芦竹，大号芦竹内径大于蜂房高度，中号芦竹直径相对小一些，小号芦竹非常狭窄，刚好容下一只三叉壁蜂在里面自如地干活。我将芦竹清理干净，留一个缝隙，放在实验室一个干燥的地方，然后将我捉来的三叉壁蜂放在这里。

　　结果我发现，三叉壁蜂在这些芦竹中探查一番之后，毫不犹豫地选择了小号芦竹，然后便清理卫生，开始准备干活。在小号芦竹里干活非常简单，只需找一些泥巴将芦竹茎隔离成一个个蜂房就可以了，然后靠着这堵泥墙，三叉壁蜂将采来的花蜜、花粉都放在这里。当它觉得食物储存够了，便开始产卵，再用泥巴竖立垂直的隔墙，然后在这一堵新隔墙后面储存花蜜、花粉、产卵，再竖另一堵隔墙，如此反复，直到它产卵完毕，最后用一个塞子堵住出口就行了。

　　没有抢到小号芦竹的三叉壁蜂，选择了中号芦竹。可在这里建筑蜂房并不是按照先储粮再竖隔墙的顺序，而是颠倒过来。我看到选择中号芦竹的三叉壁蜂，先沿着芦竹内径环绕了一周，筑成一道环形泥墙，然后，在泥墙侧面留下一个圆圆的小洞当作出

口，这样就圈出了
几乎完全封闭的蜂房。

做完这件事之后，它才开始储存粮
食和产卵。储粮时，只需攀住小洞吐出蜜囊中的
蜜，再刷下肚子上的花粉就可以了，不必在空荡荡的
芦竹里东奔西跑。

　　小号芦竹里之所以不这样做，是因为空间小，走不了几
步就能到粮仓，直接靠着后面的墙壁吐蜜囊、刷花粉就可以了，所以
它可以先储粮再竖下一个隔墙。中号芦竹里面空间太大，难以找到支撑物，所
以它选择了先竖隔墙，再储粮、产卵。

　　尽管能顺利完成任务，但三叉壁蜂必须等那个小洞周围的泥土干了之后
才能钻洞干活，很浪费时间，所以中号芦竹并不是最佳选择，只有小号芦竹
没有了，它才会选择这种。大号芦竹就更不受欢迎了，只有五六只三叉壁蜂
选择在这里筑房，可能是因为它们太急于产卵了，不得已才选择这种。我观
察这五六只三叉壁蜂建造的蜂巢，发现这里蜂房的排列乱极了，根本不是只
有隔墙，而是有天花板，有多边形墙壁，有地板，这些都需要三叉壁蜂亲自
动手建造，非常麻烦，既浪费力气又浪费时间，而且不能保证早出生的雄蜂
留在外层。

　　现在我们再回想一下蜗牛壳。它螺旋形的空间逐渐增大，最初几圈内径
太窄没法用，最后几圈内径又太大为建造蜂房带来很多麻烦，只有中间几圈
的内径才大小合适。三叉壁蜂们在发现芦竹之前，经常采用蜗牛壳这种老式
蜂房，被利用的地方应该就是中间几圈，如果一次产卵没有完成，它不得不
去寻找另一个蜗牛壳，也很麻烦。因此在我前一个实验中，大部分三叉壁蜂
选择了长长而内径大小合适的芦竹，抛弃了只能建造少量蜂房的蜗牛壳。

　　这些事实充分证明，三叉壁蜂在劳动的时候，只要有更省事、更省力的
方法，它一定会抛弃那些容易浪费工夫的房基，尽量花费最少的力气。

石蜂为抢占旧巢大打出手

石蜂对旧巢的争夺，使我再次相信虫子们不喜欢浪费力气。

石蜂的石灰城堡非常坚固，但也非常难建造。所以它们能不建造就不建造，经常找一些旧巢修修补补就住进去了，或者干脆抢占别人的蜂巢。只有找不到可利用的旧巢时，它们才会着手准备建造新房子。

对同一个蜂巢的石蜂来说，它们出生之后便拥有家庭的共同财产——妈妈建造的蜂巢。这个家产该怎么分呢？雄蜂们是不在乎的，它们只要有花蜜吃就可以了，反正不用养家糊口，要不要蜂巢无所谓。雌蜂们却很在乎，因为它们需要大量的蜂房繁衍后代。现在，妈妈留下的蜂巢就在眼前，干嘛还要另筑新巢呢？所有的雌蜂都这样想，于是这些表面看来和和气气的姐妹，最终却为谁该拥有妈妈的蜂巢打起架来。最终房子该判给谁呢？谁打架打赢了，赶跑其他姐妹了，谁就是旧蜂巢的合法房主。

每个石蜂妈妈都会将蜂巢传给下一代，谁在争夺房产的斗争中取得胜利，谁就拥有这栋别墅的产权。如此世世代代繁衍，世世代代抢夺，只要这个石灰城堡没有破到不能用的程度，每一代石蜂都会对这个旧巢修修补补，然后重新住进去。

最喜欢这样抢夺旧巢的是卵石石蜂。棚檐石蜂的家族看起来比较文明一些，一般不会这样争夺家族遗产，它们更喜欢重新利用自己出生的那一间蜂房。当所有可利用的蜂房都被用掉之后，它们会在原有蜂房的基础上再加盖一层，这样旧巢的外面就又多了一层楼。代代如此，于是年复一年，原先的祖产不断被扩大，形成了一个真正的城堡。

灌木石蜂也喜欢利用旧巢。好几次我都发现一只灌木石蜂将自己的孩子安排在旧蜂巢里。有时候它也会为了争夺蜂巢而与其他石蜂打架，偶尔也会在祖屋外层再建一层。灌木石蜂的蜂巢像一个小球，这样代代增加蜂房，原本只有一个小球大小的蜂巢，最后就变成两只拳头那么大的蜂巢。我就曾经见过一个巨型蜂巢，足有一个孩子的头那么大，称一称竟有两斤重！可这个两斤重的巨型蜂巢，竟然建立在一根比麦秸秆稍粗一些的枝杈上。很明显这个蜂巢是代代增加的结果，绝不是一次就建成的。

用旧巢的好处就是不用费力建新巢了。为了充分利用旧巢，石蜂宁愿跟别人打架，宁愿不顾地基的承受力往上面加盖层。这些不利于人际交往和危险的做法显然会败坏它们的名声，但它们统统不管，只要让它们少干点活就行。但我们知道石蜂并不是懒汉，相反它非常勤劳，之所以会有如此举动，完全就是为了遵守"最省力原则"。

不乐意钻木的木匠

是不是其他昆虫也知道这个"最省力原则"呢？我又采访了木蜂。

木蜂，顾名思义就是以木为巢的蜜蜂。它看起来很健壮，块头很大，一身黑色丝绒装，翅膀则以紫色边缘装饰，这一看就是一个很酷的家伙。这个酷酷的家伙似乎为了证明自己是多么强大，不像石蜂那样到处衔泥浆，更不像三叉壁蜂那样投机取巧将房子建在蜗牛壳里，而是匠心独运，用力在枯木中钻一个圆柱形的洞以备产卵之用。这个洞非常精巧，就像木钻钻出来的一样。所以我家附近那些支撑葡萄架的木柱、干枯的柴、树根、树干、各种粗大结实的树枝，都成为木蜂建巢的风水宝地。

从这一个洞进去，通常有两三条平行的通道，所有的卵都住在这里。蜂房在通道里，就像三叉壁蜂的蜂房在芦竹里一样，也是彼此被一堵隔墙隔开，只是木蜂的隔墙是用钻孔留下的木屑建造而成的。所以木蜂劳动的时候，总是先钻这样一个洞，然后储存粮食、产卵，再用木屑竖一堵隔墙，再储粮、产卵，如此反复，产卵完毕，它也会用一个塞子封住蜂巢。

钻洞是整个劳动过程中最艰巨的任务，也是最必不可少的任务。木蜂怎样才能节省自己的体力呢？

它选择了石蜂的办法，通过寻找旧巢来免于费力钻洞。如果有现成可用的旧巢，木蜂一定不舍得丢弃，它也会像石蜂那样，打扫打扫，修补修补，就住进去了。

除了旧巢，木蜂还有其他的省力方法。它惊喜地发现那些支撑葡萄架的粗芦竹里面有现成可用的通道，不用它费力地钻孔，于是便毫不犹豫地钻进去，只在里面竖隔墙将蜂房隔开就行了。两节芦竹之间有阻隔，如果它肯在中间钻一个洞，那么这两节芦竹就都可以用了，但它却没有这么做，因为这样做也很费事。它更喜欢人们帮它剪得只剩下一个出口，好让它直接利用。但是如果一根竹节太短不够容纳所有的卵的话，它也会在中间钻一个孔，将两截芦竹都霸占了。

看到它们如此喜爱芦竹，我便特意为它们准备了很多可利用的芦竹。它们飞过来视察了一番，似乎对我的劳动很满意，就接受了我的好意。于是每年春天，我都看到成群的木蜂飞进我的芦竹蜂箱，在最方便、需要干活最少的芦竹内安家落户，舍弃了传统在木头上钻洞的筑窝方式，因为它再也不想费劲地钻孔了。

刺胫蜂也是一个出色的木匠。它与木蜂一样，也喜欢在粗壮的树枝上钻孔，然后在里面建造蜂房，只是它的蜂巢比木蜂的蜂巢小一些而已。它们同样喜欢用旧巢，不喜欢钻更多的洞。我相信它们有机会遇到芦竹的话，一定也喜欢在里面定居。

大家都喜欢省事

条蜂也是爱"投机取巧"的家伙。

它们喜欢将家安在峭壁上，总是在峭壁上挖出一条通向蜂房的狭长通道，然后把蜂房散布其间。这个通道一年四季都敞开着，是它们储存粮食的专用通道。于是代代的条蜂，只要通道还没有被损坏到不能用的程度，都会将这里打扫打扫，重新使用。如果后代条蜂繁殖得太多了，需要更多的蜂房和更长的通道，条蜂们会接着这条通道再挖，将通道延长，或者再分出其他支路。代代条蜂都会这样挖，于是底下就成了一个错综复杂的迷宫。但是通道过多会导致蜂巢支撑物减少，整座蜂巢就会有坍塌的危险。只有这个时候，条蜂才会选择另找一个泥层，挖一个新的通道，建一个新的蜂巢。于是它的后代又接着这个通道挖下去，直到蜂巢变成一个新的迷宫，再选择新泥层挖掘，如此反复。

对每一个蜂房，条蜂都不会浪费。它会在自己出生的蜂房里重新刷一层石灰浆，使蜂房内壁重新变得光滑起来，然后再对破损的房门进行一番修补，新房就布置好了。当旧蜂房不够用的时候，它们才钻出来延长通道，然后建造新的蜂房，将剩余的卵产在里面。条蜂们就是这样用最少的力气筑好了蜂巢。

我不想过多重复虫子们这样的省事作风，这样的例子实在是太多了。现在我们扩大搜寻范围，看看其他动物是怎样做的。

麻雀的鸟巢建造在几根树枝之间，它会找一些麦秸、干树叶，或者其他飞禽的羽毛当建筑材料，在这里做一

个大圆球。这是麻雀古老的习俗，人类房屋出现之前，它应该就是这样建造房屋的。

人类房屋出现之后，麻雀便放弃了圆球形建筑，改为依靠房屋的墙建造一个半球形鸟巢。依靠人类房屋建造鸟巢，一方面可以避免风吹雨打，比在树枝上更安全；另一方面，还可以节省麻雀的体力，使它免于建造另一个半球，因为另外半边有房屋的墙

做支撑。它跟三叉壁蜂放弃蜗牛壳改用芦竹一样，放弃了需要耗费更多材料、更多劳动力的圆球性筑窝方式，选择了一种经济实惠的新式房屋结构，省了不少事。

不过尽管如此，它们仍然没有放弃古老的习俗。如果没有房屋可依靠，没有芦竹可使用，它们仍然记得原来的建筑模式。所以我们仍然可以在大树上找到麻雀窝，仍然可以在蜗牛壳中找到三叉壁蜂蜂巢。只有条件允许的时候，它们才会选择新式建筑方式。因此，当有人说麻雀在树上筑巢是一种进步时，我这个经过大量观察得出的结论会告诉他：恰恰相反，麻雀这种筑巢方式是一种倒退，因为它使用的是最古老的建筑方法，依靠着房屋而建的巢才是新式建筑。

现在我可以下结论了，事实告诉我们：一方面，昆虫受本能的指挥完成家族必需的任务；另一方面，鉴别力又给它充分的自由，使它通过考察选择出一种更舒适、更省力、更省时的劳动方法，努力追求一种更省事的生活。

可这一切是它们有意识的追求吗？它们知道自己在干什么吗？我相信它们自己一点也不清楚，只是盲目地遵循"最省力"这个普遍适用的原则而已。

小贴士：进化论者的难题

你知道吗？进化论者总是说一些很玄的话，一提到进化，总是说几百万年之前某某生活有什么习性，慢慢地，为了适应环境，它进化了，或者说某个器官退化了，于是将来就会成为什么样子。比如说暗蜂的寄生，他们会这样推测：暗蜂的祖先本来有劳动工具，由于不喜欢劳动，慢慢的，劳动工具退化了，它进化成了不用干活的寄生虫。

遗憾的是，这中间只有看似合理的推测，没有事实根据，因为谁也不可能活几百万年，亲眼看看某种物种是怎样进化的。

以寄生虫是怎么来的这个话题为例，进化论者会说有些虫子太懒惰了，只喜欢享受安逸生活，于是就努力营造条件，逐渐让自己进化成了一只高等昆虫。现在让我们来看看三叉壁蜂，它有毁坏隔墙的本领，也有撬开别人房门的本领，现在我就来试试它们会不会成为寄生虫。

开始，所有三叉壁蜂都辛辛苦苦地建造隔墙，打扫蜂房忙碌到最后，除了一些落后者，所有试管都被三叉壁蜂们抢占了，至此，这块"土地"已经被这些开发商征用完毕。现在的情况是，这些落后者因为已经工作了太久，似乎没有精力抢到新的管子盖房子，它们又急需产卵。这些条件刚好符合进化论者提到的"偶然"。

我重新在实验室里放了一些新的空管子，与其他已经建造好隔墙的管子放在一起。结果我发现，这些新管子，只有很少一部分三叉壁蜂准备在这里安家，而且只建很少的蜂房。大多数三叉壁蜂选择了抢夺邻居已经建好房子的管子。它们来到邻居们的试管面前，野蛮地撬开人家的锁，用大颚将里面已经产好的卵撕开，扔掉，或者干脆将这些卵给吃了——这些蜂房，有的根本就是它自己以前建造过的，但是它忘记了，它竟然吃了自己的孩子！

做完这些坏事之后，三叉壁蜂在蜂房里产下自己的卵，然后又小心地建造好隔墙，清理垃圾，堵上大门，跟正常的工作没什么分别。有的三叉壁蜂还需要再产卵，再寻找蜂房，于是它将邻居屋里所有碍事的隔墙都破坏掉，吃掉或扔掉里面的卵，然后产下自己的卵，重新打扫房间，重新建造隔墙。

它们完全可以在旁边的新管子里造房子、产卵呀！为什么偏偏要像强盗那样破坏邻居的家庭？难道它现在准备进化成一种寄生虫吗？我无法解释它们疯狂的行为。不过我可以明确地说，它们并不是因为想要变懒而这么搞破坏的，因为它们破坏之后又像以前那样劳动了。它们究竟在想什么？难道它们的思想里有毁坏别人家庭这样的念头吗？不知道。也许这种可怕的思想长期坚持下去，经过几百万年之后，它就进化成另一种寄生虫。

可是，几百万年之后的事情，谁还能告诉我会怎样呢？按照进化论的推理，三叉壁蜂现在正在形成寄生虫的过程中，但"现在"进行下去的结果是否就是将来的某种寄生虫呢？没有人知道。

进化论者喜欢探讨过去，喜欢探讨将来，却无法给予"现在"的现象一个完满的解释。而这个"现在"恰巧是我们最关心的话题，也是唯一一个能提供事实根据的话题，但进化论却没法告诉我们"现在"有什么。难道进化论属于过去和未来，不承认现在吗？

优秀的裁缝——切叶蜂

裁剪能手

　　燕雀找不到地衣的时候，会用石蕊属植物荆棘代替；伯劳找不到"伯劳的草"时，会用茸毛植物和比斯开旋花属植物代替；长腹蜂找不到壁炉时，会用温暖的厨房代替；三叉壁蜂找不到蜗牛壳时，会用树莓桩和玻璃管来代替……每种动物在选择建筑材料时，都不会固执地只选用一种材料，而是尽可能找其他替代品，这是它们的鉴别力在起作用的最好证明。

　　为了响应我的理论，你看，切叶蜂也站出来说话了。

　　你还不认识切叶蜂吗？但有一种现象你一定见过，自家花园中玫瑰的叶子、丁香的叶子上总有奇怪的切割痕迹，有的被切割成圆形，有的被切割成椭圆形，好像谁无聊时在叶子上轻轻剪过一样。没错，这就是切叶蜂的杰作，它就喜欢用它那特殊的剪刀在叶子上裁剪圆形或者椭圆形，严重的时候你会发现，有些小灌木的树叶甚至被它们残忍地裁剪得只剩下叶脉，而叶片早已被它一小圆块一小圆块地切割走了。

　　如果你幸运地遇到一只切叶蜂正在切割，你会发现大颚就是它的剪刀，身体就是它的圆规。它会用这两种工具，一会儿将叶子剪成椭圆，一会儿将叶子画出一个正圆。那个认真劲儿，绝不会让你觉得它在无聊地画画儿。

那么这个小虫子想干什么呢？它怎么有这种特别的嗜好呢？别急，你接着看下去，你会发现它将切割下来的叶子卷成一个方形筛子形状的"羊皮袋"，蜂蜜、花粉、卵都会被存放在这个"羊皮袋"里。现在明白了吧，"羊皮袋"就是它的蜂房。那个稍大一点的椭圆形叶片，就被它用来当作"羊皮袋"的底部和内壁了，那个正圆形叶片稍微小一些，是"羊皮袋"的盖子。尽管现在你已经想象到蜂房的样子，可是当你看到它的蜂巢时相信你还会大吃一惊，因为很多只（一般12只左右）这样的"羊皮袋"首尾连接成一排，非常壮观。

这些蜂房首尾互相连接，看起来像一个密不可分的整体。我随手抽出一段，稍微用力一捏，这个"整体"就断裂成几段。原来这些首尾相连的蜂房都有各自的盖子和底部，并非像三叉壁蜂那样两只蜂儿用同一个墙壁。它的筑巢方法与其他蜂儿类似，也是先建造一个蜂房，再储存粮食、产卵，只是它的每一个蜂房都是单独一体的。既然这样，蜂房与蜂房之间应该有什么可以黏合的东西将两个蜂房连起来。

切叶蜂选择了"匣子"，如条蜂的通道、蚯蚓钻的通道、神天牛在木头里钻的洞、石蜂的陋室、壁蜂在蜗牛壳中的旧巢、一段芦竹、墙上的缝隙等，这些都是切叶蜂的"匣子"。它会将蜂房一个挨一个地放进匣子里，看起来所有的蜂房就像连在一起一样，大家这样紧挨着，叶片就不会散开了。况且幼虫在结茧的时候，还会吐一些黏液在叶片的缝隙处，将蜂房内壁的叶子粘起来。这样，用叶片做成的软塌塌的蜂房在匣子的帮助下，就成了一个坚硬蜂巢。

迄今为止我认识的昆虫中，有挖掘工条蜂，有石灰匠石蜂，有挖土工人长腹蜂，有木匠木蜂，还有纺织工蚕宝宝，就是没有这样用叶子建造房子的"裁缝"。大自然还为我们安排了什么？我真的是很好奇呀！

"蛋卷" 制成的屏障

白带切叶蜂迈着蹒跚的脚步走进我的视线，我将跟随它来调查切叶蜂整个家族的情况。

它通常将巢建在蚯蚓挖的通道上，不过一般只用蚯蚓通道的上半部分，大约离地面20厘米的地方。下半部分弃之不用，因为成虫羽化之后向上爬的时候，很容易造成坍塌，将自己埋在里面。

不过下半部分通道也不能置之不理，其他虫子可能会从下面进攻城堡，像地震爆发那样毁掉上面所有的蜂房。所以切叶蜂妈妈会提前在这里做些防御措施，在这里建造一个安全屏障。

通常，它会找一些叶子将下面的通道堵死。它设置的屏障很有趣，并非将叶子草草地堵在洞

里，而是将几十片叶子卷成圆锥状，然后像蛋卷那样一个接一个地堆起来，看起来很可爱，而且这样做会使这道屏障更加牢固。不过这些被做成圆锥状的叶子不是规则的圆形和椭圆形，而是随随便便裁剪出来的形状。

我还注意到一个细节：这些用作屏障的叶片无一例外地都很肥硕，脉序很粗，整个叶片毛茸茸的，一看就知道很结实，正好适合当屏障。另外，这些叶子，有的属于葡萄藤上的嫩叶，有的属于岩蔷薇叶，有的是英国山楂树叶，还有的是大芦竹叶子。无论哪种叶子，都布满了茸毛。但那些被用作建筑材料的圆形叶、椭圆形叶却很光滑，没有一点茸毛。我不知道切叶蜂是怎样将毛茸茸有锯齿状的叶子和光滑细腻的叶子区分开来的，但它就是能准确辨认出来哪一种叶子是用来建筑屏障的，哪一种是用来建造蜂房的，昆虫的鉴别能力再次让我惊叹。

屏障是必不可少的，这是切叶蜂妈妈为了防止敌人的破坏辛苦铸造起来的壁垒。即使背着过度摘取植物叶子、破坏植物生长的恶名，它也要完成这道工序，真是可怜天下父母心啊！如果这项工作有利于切叶蜂家族繁衍的话，那就由它去吧，毕竟这是大自然的安排。但有时我却气恼地发现，它浪费了很多叶子筑成的屏障根本就起不到保护孩子的作用，这就比较可恶了。

我曾看到很多通道，蛋卷形的叶子已经塞满，一直塞得与地面齐平了。可我拿开蛋卷，却发现里面根本就没有蜂房，也没有切叶蜂幼虫，它的这个屏障根本就是白造了。破坏植物生长的证据却有一大把：我从这个通道里取

出了100多片排成一堆蛋卷样子的叶子，从另一个通道里取出了150片！它若想保护一个蜂巢，24片叶子就足够了，干嘛还要用这么多叶片呢？这不是自找麻烦吗？

我猜想，也许它原本想将屏障造得更坚固一些，因此堆积的叶片也更多一些，可是还没来得及造蜂房，它就被一阵风吹走了，或许遇到其他天灾人祸因而不能继续工作。

但事实不可能是这样的，因为通道的叶子已经堆到与地面齐平了，再往上就没有通道了，它还能在哪里产卵？

这样做应该还有别的目的吧？我绞尽脑汁想各种可能，但最终都被一一否决了。我想起三叉壁蜂在生命快要结束的时候，卵巢已经枯竭，没有能力再产卵了，可它还有劳动的能力。于是为了不浪费这点能力，勤劳的它尽管不能产卵，不需要造房子了，依然为自己找点活儿干，仍然寻找房基，在里面造隔墙，把一根芦竹或一根玻璃管隔离成一个个蜂房，不储粮，不产卵，最后再用一个塞子堵住空无一物的蜂巢。它做这件事做得极其认真，好像卵已经产在里面一样。当时我还感慨，没想到它们老了也要发挥余热，造一座没人住的房子。

类似的事情我见黄斑蜂也做过。它会辛苦很久将棉球塞在一个没有产过卵的通道里；石蜂也做过，它会在一个既没储粮也没产卵的蜂巢上抹最外层的石灰。

　　切叶蜂应该也是这样的。它的产卵管已经枯竭，但它依旧要劳动，所以它就筑了这个坚固无比的屏障。那100多片叶子，可能需要它用一个下午或者一整天的时间裁剪，它不停地切呀割呀，像以往一样热忱地工作，全然不顾这个屏障根本就没必要存在。结果我就看到那两个只有屏障而没有蜂房和幼虫的奇怪通道。

　　尽管它们所做的一切都已经没有意义，本能仍然会指挥它们劳动到生命的最后，昆虫的本能可真奇怪呀！

几何学的奇迹

　　现在我们继续认识切叶蜂的房子。整个建筑过程用到三种材料：椭圆形叶片、圆形叶片、不规则叶片。其中椭圆形叶片较大，是用来做蜂房的墙壁和地板的；圆形的叶片较小，是用来做蜂房盖子的；不规则叶片我们已经认识过了，是用来制作蛋卷形状屏障的。

　　不规则叶片的裁剪很容易，随便从一张叶子上剪下来一片就可以了。令人吃惊的是椭圆形叶片和圆形叶片。它怎么想起来用漂亮的椭圆形叶片造房子呢？是谁告诉它这个方法？它的大颚又是怎样裁剪出一个个规则而又漂亮的椭圆？这真是令人感到惊奇的地方。

　　有人可能会说，切叶蜂的身体就是一个活动的圆规，它完全可以靠身体的弯曲来画出一个椭圆形曲线。我认为这种说法不正确，完美的几何图形应该是机械运作的结果，切叶蜂体内应该有这样一个特殊的机械装置才能画出一个椭圆。但我经常在大的椭圆形叶片中还看到小椭圆形叶片，这个机械装置怎么会可大可小呢？况且，如果说切叶蜂体内有一种机械装置，那么它就只能画出椭圆，怎么还能画出圆形呢？椭圆形和圆形是那么的不同！应该有更合理的原因。

　　不过那个圆形叶片更神奇。根据我观察到的结果，作为盖子的圆形叶片，它总是与蜂房口完全吻合，就像一个螺丝配一个螺丝帽那样搭配得天衣无缝。如果你还没意识到这是一种多么高超的技艺，那我们就来看看切叶蜂的工作流程。

切叶蜂在造房子的时候，先用椭圆形的叶片做成蜂房的墙壁和底部，然后储粮、产卵，再飞出去切割用作盖子的圆形叶片。那么它在切割的时候，还记得蜂房口的大小吗？记得应该配一个多大的盖子吗？我想它是不记得的。因为它是在黑暗的泥土里工作的，根本不可能看到蜂房的样子，更不能通过目测了解需要多大的盖子。

切叶蜂若想保证蜂房平安无事，必须用一个大小刚好合适的盖子。盖子的直径应该是确定的，不能太大，否则就放不进蜂巢口；也不能太小，太小又盖不住蜂房，还有可能掉进蜂房将切叶蜂幼虫给压死、闷死。可是，没有任何测量工具的切叶蜂，是怎样确定盖子的直径呢？不知道，它看到合适的叶片，总是毫不迟疑地伸出大颚，迅速切下一个大小刚好合适的盖子。我们人类却做不到这一点。

有一天晚上，全家人吃过饭之后闲聊，我给家人讲了切叶蜂的故事。然后我问：

"如果家中的猫儿打架，将坛子上的盖子给碰到地上摔碎了，第二天不

得不去重新买一个盖子。那么临走之前，只让你们看看坛子的大小，不要用尺子量，只凭着记忆，你们能带回来一个跟坛口大小刚好合适的盖子吗？"

大家都说不能。不用尺子量一下，谁也不知道需要一个多大尺寸的盖子。按照我们的一贯做法，至少也要带一根与坛口直径大小一样的麦秸秆，买的时候用这根麦秸秆比量一下，才能带回来一个大小刚好合适的盖子。由此可见，切叶蜂比我们人类还厉害，它不用测量工具就能切下一个大小刚好合适的盖子。

有的人可能对切叶蜂有如此高的本领不服气，反问道：难道切叶蜂在干活的时候不会切割一个大一点的盖子，然后回到家里再对比蜂房，将多余的叶子剪下来吗？

这个解释看起来似乎很合理，但事实却告诉我们这是不可能的。

原因之一：切叶蜂必须将身体靠在一个支撑物上才能工作。这就好比裁缝在裁剪衣服的时候，必须有一张桌子用来放衣料一样，如果没有了这张桌子，让他拿着剪刀在空中剪，肯定会剪坏的。植物就是切叶蜂依靠的"桌子"，当它拿着一块大叶片回去之后就不可能再裁剪一次了，因为蜂房软塌塌的，不适合依靠。

原因之二：切叶蜂的盖子，应该是叶片背面朝下、正面朝上。这也正是它切割时叶子的朝向，这项工作进行完毕之后，它会用腿抱着叶子起飞，使叶子正面贴着自己，回去直接将盖子放在蜂房上，仍旧保持正面朝上。如果它在回来之后再对比着蜂房重新裁剪的话，不可避免地会将叶片翻面，就不可能总是保持盖子正面朝上、背面朝下的朝向了。事实上盖子总是正面朝上，这说明它不可能将叶子带回来之后重新加工，盖子的大小一开始就被确定了。

很明显，切叶蜂在几何学方面胜过了我们，我无法解释椭圆形与圆形盖子的神奇，只能认为这是它的本能，希望后来人能完美解释这一现象。

柔丝切叶蜂的别墅

　　就像我们人类都有各自喜欢的风格一样，每种切叶蜂也都有自己的爱好。比如说白带切叶蜂喜欢在蚯蚓通道里造房子，柔丝切叶蜂就喜欢在神天牛的旧巢里造房子。

　　神天牛在橡树上的窝里羽化之后，就顶着长角飞出去了，它的窝就废置不用了。如果这个窝很高、很干净，没有毁坏得特别厉害，橡树上没有散发着皮革味的棕色液体流出，那么柔丝切叶蜂就会欣喜地将这里据为己有。

　　因为这个地方很高，很安全，温度也相对恒定，环境干燥，房间宽敞，堪称所有切叶蜂居所中最舒适安逸的地方。它会认为这是豪华的高档酒店，以居住在这里为荣。所以这个地方的每个

角落，它都会充分利用。我曾见到一个兴奋过度的母亲，一口气在一个神天牛旧巢中建了17个蜂房、产下17只卵，这可是我所见到切叶蜂家族中人口最多的一家。由此可见良好的居住环境对家族的繁衍有多么重要的意义。

柔丝切叶蜂的大部分蜂房都建在神天牛蛹的卧室里。由于室内很宽敞，喜不自胜的母亲干脆在这里安排了三排房子，排成三列平行线，看起来甚是喜人。最后，为了家族的安全，它在最后一排房子的后面还造了一道蛋卷形屏障。

柔丝切叶蜂用来建造房子的材料，主要是英国山楂树叶和铜钱树叶。英国山楂树叶边缘是锋利的锯齿状，不适合做墙壁，因此没被切割成椭圆形叶片，而被切割成不规则图形，做成隔墙。除了用这两种叶子，葡萄藤叶子、荆棘叶也是它喜欢的建筑材料，这些统统被剪成不规则形状，做成了屏障。

在选择建筑材料的过程中，我再次见到昆虫的"最省力原则"。如果叶子的大小刚好合适做椭圆形叶片，那么它就不费力切割图形了，而是直接将叶柄切下，抱着整张叶子就走了。同样是为了节省体力，柔丝切叶蜂总是就近选择喜欢的树叶，如果附近铜钱树叶比较多，那么它的蜂房就以铜钱树叶为主要建筑材料。

我拆开了两个蜂房，数一数这个小家伙究竟残害了多少植物。真是不数不知道，一数吓一跳。这两间蜂房共用了83张叶片，其中18张是圆形的盖子。如果一个蜂巢有17个蜂房的话，那么就需要740张叶片。如果加上神天牛旧巢后排的那道屏障，可能还需要更多的叶片，这个被我发现的蜂巢是用了350张。因此将神天牛的旧巢完全装饰一新用的叶片数量，就是1064张！柔丝切叶蜂得飞多少次才能完成这项工作呀！它那剪刀一样的大颚需要张张合合多少次啊！而且整个工作不需要其他同伴帮忙，完全是切叶蜂妈妈一个人的杰作，多么了不起的母亲啊！人类总是为各种事情而烦恼，却不知道减轻烦恼的最好方式就是劳动。如果我们都像柔丝切叶蜂这样勤劳，那么我们一生就再也不会有烦恼了。

　　我要赞美它的勤劳，赞美它封闭蜂房的本领，赞美它切割椭圆形的才能，赞美它发现了叶片这种特殊的建筑材料……总之，柔丝切叶蜂与白带切叶蜂一样优秀，都是大自然中最优秀的裁剪能手，我为我的虫子有如此精湛的技艺而自豪！

被选中的叶子

　　受本能的驱使，所有的切叶蜂都会选择用叶子造房子；受鉴别力的指导，切叶蜂们在造房子时可以自由选择自己喜欢的叶子。这是昆虫两种能力的最好体现。更多的切叶蜂都能站出来帮我证明这一点，尤其是对鉴别力的证明。下面就是每种切叶蜂的陈词，让我们一个一个来看。

　　柔丝切叶蜂：虽然我喜欢英国山楂树叶和铜钱树叶，但如果找不到这些，我也会选择其他叶子，比如说葡萄藤、野玫瑰树、荆棘、圣栎、鼠尾巴草、笃耨香、岩蔷薇等。

　　兔脚切叶蜂：我最喜欢丁香树叶和玫瑰树叶，如果你仔细观察的话总会见到我在你家的花园里忙碌。不过有时候我也会用刺槐树叶、楁梓树叶、樱桃树叶、葡萄藤树叶等造房子。

　　银色切叶蜂：我与兔脚切叶蜂一样喜欢丁香树叶和玫瑰树叶，但附近这些叶子不多的时候，我也会采集其他植物叶子，如石榴叶、荆棘叶、葡萄藤叶、红色欧亚山茱萸树叶、雄性欧亚山茱萸树叶等。

　　白带切叶蜂：我与它们几个爱好不同，我最喜欢刺槐树叶，不过偶尔我也会采集一些葡萄藤叶、玫瑰树叶、山楂树叶、芦竹、岩蔷薇等。

　　斑点切叶蜂：我目前只喜欢野玫瑰树叶和山楂树叶。以后碰到更好的叶子，也许我也会考虑的。

　　……

　　证人们没有都上场，但这已足够证明我的观点了：每种切叶蜂不是固执地只用一种植物的叶子，它会根据自己的爱好自由选择。只是我没想到它们的自由度这么大，爱好这么广泛，每种切叶蜂都可能选择好几种外观很不一样的植物叶子作为蜂房的建筑材料。

这些叶子之所以被广泛选中，我想应该是下面这些原因。

距离近。为了节省体力，每种切叶蜂都尽可能地避免远行，只是寻找自己附近的树叶当材料。因为每次我发现一个切叶蜂新房的时候，总是毫不费力地就找到附近有被它切割过的痕迹。

尽管每种切叶蜂都有自己钟情的叶子，但我还是发现了它们选材时的共性：叶片的质地必须很柔软、很细腻，尤其是用作封盖的叶子和充当蜂房内壁的叶子。这可能是为了避免粗糙的叶子划伤幼虫稚嫩的皮肤。

叶片柔软有弹性，就容易在通道中卷曲。所以切叶蜂们不太喜欢用岩蔷薇的叶子，因为它很厚，又凹凸不平，用起来不太顺手。我只在切叶蜂的蜂巢中发现过几片，可能切叶蜂刚开始没发现，用了几片之后不好用就放弃这种植物了。用圣栎叶子的切叶蜂就更少了，因为这种叶子成熟之后很硬，根本不能用，只有柔丝切叶蜂趁叶子嫩时切割几片。

葡萄藤叶子应该是最好的选择，因为它像丝绒那样柔软，很容易卷曲在通道中。丁香树叶应该也不错，因为它的叶子宽大又光滑，不用担心刺伤幼虫皮肤。而柴胡和忍冬的叶片尽管很光滑，却又太硬了，切叶蜂们也不喜欢。

除了省力和叶子的柔软程度，我觉得那些被选中的叶子还有一个共性：那就是它们比较多，覆盖率比较大。比如说很多切叶蜂都喜欢用葡萄藤，这是因为葡萄是法国人最喜欢种的植物，几乎到处都有。同理，我们地区山楂树和野玫瑰树很多，所以很多切叶蜂也选择了这两种植物的叶子。

因地制宜的一贯作风

　　根据遗传论的观点，昆虫应该是隔代遗传的，前一代的习性就这样流传并固定下来了。如果这种理论是正确的话，那么我们这个地区的切叶蜂长期居住在本地，熟悉本地植物的一切，应该是本地植物的专家，对于外地来的那些它们从来没见过的植物，应该本能地拒绝。

　　可根据我的实验结果，事实刚好相反。

　　我家附近有一座荒石园，兔脚切叶蜂和银色切叶蜂是这里的常客。我知道它们最喜欢玫瑰树叶和丁香树叶，所以就在玫瑰树丛和丁香树丛中种了两种外来植物。这两种植物分别是来自日本的女贞树和来自北美的维吉尼假龙头花。它们的叶子柔软，刚好适合切叶蜂造房子。结果兔脚切叶蜂和银色切叶蜂在这两个从来没有见过的植物身上飞了一会儿，便停下来毫不犹豫地切割起叶子来，丝毫没想过不熟悉的叶子就不要采集这个问题。

　　银色切叶蜂的表现更能说明问题。它将巢建在我特意为它准备的芦竹内。为了更方便研究，我将它们的芦竹蜂巢移到荒石园的迷迭香中。迷迭香的叶子很薄，不适合做蜂巢。然后，我将一些墨西哥总状花序罗皮菜和印度长辣椒放到这里，而这些植物的叶子是适合做蜂巢的。结果我发现，切叶蜂很喜欢墨西哥总状花序罗皮菜，蜂巢里用的几乎都是这种植物，印度长辣椒的叶子也用了一点，但却没有采摘它熟悉的迷迭香叶子。

　　我对愚笨切叶蜂也做了一些研究。这种切叶蜂非常勤劳，总是将我花园里带有色纹的天竺葵花瓣都切割成月牙形，无论什么颜色的花瓣，无一例外，没有一片能逃脱它的大剪刀。眼睁睁地看着它毁了我的植物，我真是气坏了，就捉了好几只做成了标本。那些被我用作实验的愚笨切叶蜂，这次我不再提供给它天竺葵，随便将它放在花园里，结果我发现它没有切割其他植物，而是被我特意安排的异国花儿——来自开普敦的植物所吸引，专心致志地将这些花瓣切成月牙形。这种异国植物可是它从来没见过的呀！可是它在工作时却表现得非常熟练，好像它很早以前就认识这种植物一样。

这些实验已经足够说明，不管是熟悉的植物还是不熟悉的植物，只要切叶蜂觉得附近的植物满足筑巢条件，它都会毫不迟疑地拿来切割，而不是像遗传论所讲的那样，只对自己身边熟悉的植物切割。它这种因地制宜的采摘习惯，一方面证明了昆虫界的最省力原则；另一方面也说明了鉴别力的存在。

由此可见，每种切叶蜂在建造房子的时候都有自己钟情的植物。但它也不会排斥使用其他植物，只要植物的叶子或者花瓣满足建房条件，不管这种植物是本地的还是来自异国他乡的，它都会选择。它们并不会被隔代遗传的规则所束缚，固执地选择本地区自己熟悉的植物。

这种现象不由得让我深思：它们怎么知道来自异国的植物也是可用的？它怎么知道某种叶子是符合条件的？它在切割墨西哥、开普敦这些陌生植物方面还是个新手呢，怎么不用尝试和试探就切割成功了呢？即使它的祖先可能曾经切割过这种植物，可是我所选择的异国植物都是最新进口的，祖先的习惯还没来得及传给它呢！

人们一贯认为，本能是通过后天长期学习逐渐掌握的，是几个世纪甚至更久辛苦劳动的结果。但是切叶蜂的例子恰恰相反，它告诉我们：改变是突然的，不需要试探和完善，不是循序渐进的，也不是逐渐发展的。否则喜欢石榴树的切叶蜂，会不断改善切割石榴树叶的技艺，发展到今天就有了一种切割石榴树叶的最好方法，无需再用其他叶子，可事实却相反，其他植物的叶子它也喜欢。

进化论者可能还会说，昆虫在筑巢方面稍微有一点变化也没关系，时间

久了，慢慢就会产生一个新物种。这怎么可能呢？进化论连切叶蜂的本能问题都不能解释，更别说证明一个新物种的产生了。一切迹象只是证明，切叶蜂无论是过去，现在，还是未来，都不会发生什么改变，所有的切叶蜂天生都是一样的。

小贴士

你知道吗？在我所认识的昆虫中，其他昆虫都不是用叶子做筑巢材料的，只有切叶蜂是这样的，所以观察切叶蜂筑巢也是一件很有趣的事。

就拿白带切叶蜂来说吧，它在蚯蚓的下半部分通道中筑完屏障之后，就开始正式筑巢了。

首先，它会先造一排排的蜂房，就像壁蜂在芦竹里那样。各排蜂房数量不一，一般是5～6间，多的也有12间的。每间蜂房所有的叶片数量也不相同。椭圆形的叶子一般有8～10片，况且椭圆的大小也不一样。大椭圆形用作建造蜂房的外壁，几个椭圆彼此重叠，叶片的下端弯曲构成羊皮袋的底部。小椭圆形用作建造蜂房的内壁，有加厚的作用，有时也用来填补大椭圆形叶片之间的空隙。

由此我们也看到了叶片被切割成大小不一的好处，有补足缝隙使蜂房更完美的作用。而且，用来贴在蜂房外壁的三四片大椭圆形叶子，如果超出了蜂房口，它就会贴一些小叶子压在后面，形成一道凸边。这样它接着做盖子

的时候，就会将圆形叶片压在凸边上，封口就很严实了，蜂蜜就不容易流出来。而且它还特意将盖子做成凹面的，即使里面的蜂蜜很满，也不会粘到盖子上。做完了这些之后，切叶蜂还会用一排叶片做成一个围边，壁身也用了两三排叶子，这样蜂房口的内径就缩小了，使得蜂房更密实。

最后该用到圆形叶片了。圆形叶片的数量不定，有时候我只看到两片，有时候却看到十几片。圆形叶片的大小却差不多，它们无一例外地全部与蜂房口符合，叶片的边缘刚好在蜂房口边上。即使有的叶片边缘略微大了一些，超出封口，切叶蜂会用力将多余的叶片压实，使它弯曲成小盅的样子。略微超出封口的只是极个别的叶片，几乎所有圆形叶片都刚好盖住封口，大小合适，既不会占蜂房空间，也不会凹下去碰到幼虫。

几排蜂房建筑完毕之后，切叶蜂仍旧用不规则的叶子建成一道屏障，就像壁蜂最后用泥塞堵住芦竹一样，做成一个蛋卷形封口，结束了这个蜂巢的建筑。

切叶蜂是怎么切割出这一个个漂亮的椭圆形的？又是怎么切割出圆形的？它事先并没有测量，怎么能切割出来一个跟封口大小刚好合适的圆形盖子呢？相信你阅读完上面切叶蜂的所有例子，就知道这些问题的答案了。

织茸毛毡子的黄斑蜂

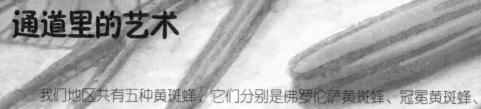

通道里的艺术

我们地区共有五种黄斑蜂，它们分别是佛罗伦萨黄斑蜂、冠冕黄斑蜂、偃毛黄斑蜂、色带黄斑蜂、肩衣黄斑蜂。无论哪种黄斑蜂，它们都有一种很特殊的本领：会用植物的茸毛织成垫子。

黄斑蜂不会挖孔、钻洞、挖地道，它像壁蜂和切叶蜂一样，也喜欢天然的洞穴，如条蜂的通道、蚯蚓的通道、泥蜂的孔穴、类似匣子的空心砖，或者我特意为它们准备的芦竹。

肩衣黄斑蜂喜欢在枯竭的荆条里筑巢，也经常使用其他钻孔蜂挖的通道，如枯木钻探者芦蜂就经常为它免费钻孔挖洞。佛罗伦萨黄斑蜂则喜欢面具条蜂的通道，有时也会用毛足条蜂的前庭、蚯蚓的通道，如果实在找不到这些现成的洞穴，它也会勉为其难地住在卵石石蜂已经破烂不堪的穹顶屋内。我不清楚色带黄斑蜂喜欢什么洞穴，不过有一次我见它与一只泥蜂共同

住在一个沙地孔穴中。

总之，黄斑蜂要想建造一个蜂巢，必须依赖一切现成的孔、穴，从来不自己挖一个洞或者钻一个孔。有类似习惯的还有壁蜂和切叶蜂。为什么这三种昆虫这么特殊呢？为什么它们不能像石蜂、条蜂那样自力更生造一个洞穴呢？

条蜂是一个典型的挖掘工，它总是在被阳光烤得坚硬的岩石屑中挖通道。它用自己的大颚，一粒沙子一粒沙子地挖，直到挖出一个输送食物的通道和一个蜂房，然后它再用自己的腿将通道和蜂房中比较粗糙的内壁抹得光滑一些，好使幼虫娇嫩的皮肤不被划伤。做完这些，它的工程就完成了。它不会像黄斑蜂那样，再用植物的茸毛加工成茸毛毡子，然后才往里面放蜂蜜和卵。因为挖掘工程太费力费时了，条蜂已经没有足够的精力再在房间里织一条茸毛毡子。

木蜂也是一个制作通道的好手。找不到可利用的旧巢时，它不得不在枯木上钻一个近10厘米长的小孔，然后再建蜂房。虽然木蜂很强壮，但钻这么长一个隧道也需要花费很大气力，它根本不可能像切叶蜂那样，将叶子切成上千张精致的椭圆形或圆形，它没有多余的时间，也没有精力。所以它经过艰苦的钻洞工作之后，只用木屑将通道分隔成一个个蜂房就算完工了，不会再对房间作细致的装修。

同理，切叶蜂除了切割漂亮的叶片，也不做其他事了，直接找神天牛的旧巢或蚯蚓的通道就行了。如果让它在切割叶子的同时还挖坑钻洞，它也没有多余的时间和精力。

这些现象让我想到，也许昆虫根本就没法同时完成挖洞和装修两种工作，要么它就像条蜂、木蜂那样只做挖坑钻洞式的艰苦劳动，要么就像切叶蜂、黄斑蜂一样只做切个漂亮叶子或织茸毛毡子这样细致的活儿。这就像人类的分工一样，因为没有足够的时间和精力，大家只得分工劳动，一些人专门建造房子，是建筑师；一些人只装修房子，是设计师。如果有一个人同时既建造房子又装修房子，那么他的工作肯定会很粗糙，没时间做得那么精致。虫子们也需要这样的分工，才能在各自的领域创造出一番成就。

除了各自分工不同的原因，我想不出还有什么原因能解释壁蜂、切叶蜂、黄斑蜂它们这样一心寻找现成洞穴。所以当雷沃米尔提到一种织毯蜂的时候，虽然我没见过它，但一想到它做的是细致的活儿，我就猜到它肯定也需要在一个现成的通道里筑巢，例如蚯蚓挖的通道。

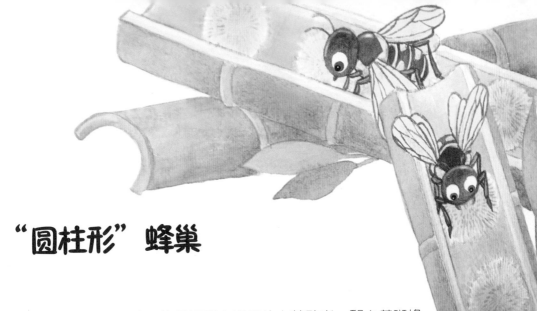

"圆柱形"蜂巢

　　如果说辛苦挖坑钻洞的条蜂和木蜂是体力劳动者，那么黄斑蜂就是一位悠闲的"脑力劳动者"。因为黄斑蜂的工作看起来很轻松，它只是将一个柔软的棉毡铺在蜂房里，就可以储粮食、产卵了。这个棉毡可不是一般的毡子哦！而是一张像棉花那样雪白莹亮的毡子，质地很细腻，我相信没有哪只鸟儿能织出比这更柔软、更优雅的棉毡，恐怕人类的双手也难以完成这么精细的工作。至于黄斑蜂是怎样完成的，我也不想做过多的陈述，我只想告诉大家，黄斑蜂在此过程中只用了足和大颚，与石蜂、切叶蜂的工具一样。但它们造成了石灰城堡，切割了一个个漂亮椭圆形和圆形，黄斑蜂却造出了无与伦比的棉毡。一样的劳动工具，作品却是这样的不同！大自然的安排真是太奇妙了。

　　尽管黄斑蜂常躲在通道里干活，我们难以观察到它的劳动过程，我仍然通过不断改进实验的方法，窥测到了它工作时的情况。

　　看！一只黄斑蜂采集茸毛球回来了，且让我看看它的秘密吧。只见它用前腿将茸毛球撕碎，展开，然后不断地用大颚进行加工。大颚合上时它用大颚往茸毛球里戳，张开时往外抽，如此反复，茸毛球就变得很柔软了。最后，它用前额将新加工成的茸毛铺到前一层上，就算完成了。黄斑蜂一会儿又带着另一团茸毛飞回来，重复刚才的步骤，直到茸毛铺得与出口齐平。

茸毛的作用相当于壁蜂的泥塞、切叶蜂的碎叶子，目的是堵住蜂巢，避免敌人进去。一般黄斑蜂在芦竹内筑起了几间蜂房之后，便会用这样一团厚厚的茸毛球将出口封锁。需要指出的是，用作"大门"的茸毛球相对来说比较粗糙，远不及茸毛毡子那么细致。尽管如此，我们仍然欣赏这位织工的绝妙手艺：先用腿梳理，再用大颚细分，最后用前额压实，一个茸毛做成的棉囊就这样做好了。

看完了黄斑蜂的大门，现在我们再随它进入蜂房。我打开一段芦竹，发现下面有一个由10个蜂房组成的棉絮状蜂巢。从侧面看，这10个蜂房是连在一起的，好像一个圆柱体。如果拉扯一端，另一间蜂房也会被扯下来，因此整个蜂巢看起来似乎只有一个蜂房。但经验告诉我事实绝非如此，仔细检查我才发现，每一个蜂房都是单独存在的，大家只是彼此紧密地黏合在一起而已。

事实应该是这样的：黄斑蜂先在最底端的棉囊上铺上一层棉毡，然后放一些蜂蜜，产一个卵，然后用一块茸絮做成的盖子封闭这间蜂房。盖子与蜂房的融合，就像切叶蜂圆形盖与蜂房口的配合一样，大小刚好，而且黄斑蜂的盖子与蜂房之间粘连很紧，几乎看不出盖子与出口之间的缝隙。做完一个蜂房之后，黄斑蜂接着在这间蜂房上造第二间房子，只是第二间房子有自己独立的地板，地板与第一层楼的天花板紧密粘连。如此连续下去，所有的蜂房就这样全部粘连起来，雅致的棉囊不见了，蜂房与蜂房连接，形成一小段

连续的圆柱体。

在圆柱体的上面，是一段5厘米长左右的空白，这就是蜂巢的前庭了。壁蜂和切叶蜂喜欢将前庭空着，为孩子们躲避危险留下一个缓冲带。黄斑蜂保护孩子们的方法很别致，它在这段空白处塞了一大团粗糙的茸絮，整个蜂巢就真正完工了。这样的前庭，看起来更安全。

肩衣黄斑蜂的前庭更安全，它会在一排蜂房完成之后，立刻在前庭里塞一些乱七八糟的东西，沙砾、小石块、小土块、木屑、碎叶、蜗牛粪等，做成一个困难重重的壁垒，然后在芦竹口2厘米左右的地方，它才塞上一团绒絮，这样就做成了一个双重壁垒，使敌人无法从前庭进入孩子们的卧室。不过有些寄生虫也是很厉害的，如褶翅小蜂，它根本就不从前庭过，而是直接将产卵管插入芦竹茎的缝隙，这样肩衣黄斑蜂妈妈精心准备的双重壁垒对它就根本不起作用了，整个家庭都被褶翅小蜂幼虫给毁坏掉。

需要指出的是，黄斑蜂也与石蜂、壁蜂、切叶蜂等昆虫一样，当产卵管枯竭、生命将要结束的时候，它也会选择继续工作。因此我也发现一些只有茸毛塞子但里面却什么也没有的蜂巢，还见过一些只有一两间既没有蜂蜜也没有卵的蜂房。它的乐趣只是劳动，受本能的驱使不断采集茸絮，即使没有孩子需要它这些茸絮，它也依旧会快快乐乐地劳动下去，直到死亡。虫子们这样勤勉的作风是多么令人敬佩啊！

便便的问题

我察看了一个冠冕黄斑蜂的居所，蜂房里有四样东西：棉囊、毡子、蜂蜜、卵。棉囊和毡子我们已经谈过了，现在看看粮食和居民。蜂蜜是淡黄色的，非常稠，不会通过棉囊往外渗。卵就浮在蜂蜜表面，头在花粉里埋着。

因为黄斑蜂的蜂巢实在很特别，我就多找了几个蜂巢，将蜂房中棉囊的侧面剪掉，使蜂蜜和卵都暴露在我面前，然后将它们一起放入透明的玻璃管中，开始观察和研究。

现在，我只向你透露一点：卵一头扎进花粉和蜂蜜中，变成幼虫后开始不断大口大口地吸吮花蜜。一边吃，一边长大，似乎所有的粮食都转化成它身体上的肌肉。直到有一天，一些食物没转化成肉肉，变成便便了……

所有的生物，包括人类，都不会再消化自己排泄出去的东西，昆虫也一样。即使是以食粪为生的圣甲虫，也不会再吃自己的便便。正常来说，大家都会离自己的便便远远的，人类甚至专门建造了"厕所"这个东西。

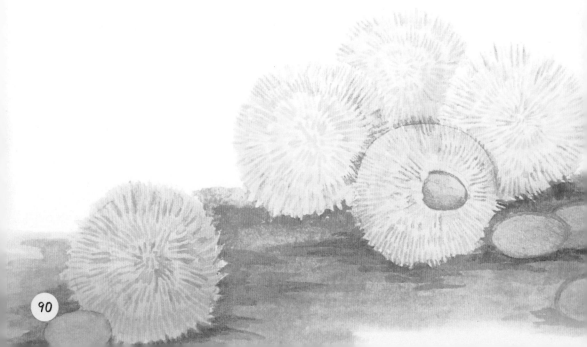

但对躲在蜂房里不能出来的幼虫来说，它根本没有条件建造一个厕所，只能吃喝拉撒都在蜂房中解决，食物甚至可能跟便便融在一起。在这种情况下，幼虫们该如何将粮食与便便分开呢？因为只要它的屁股稍微动一下，蜂蜜和便便就可能搅在一起。这该是一件多么令人讨厌的事呀！它们该怎么解决呢？

有的昆虫，如条蜂和泥蜂，实在没有别的解决的办法，只有憋着不拉便便，直到所有的食物都吃完了，它才开始排便。只要还有一点食物没吃，它就缩紧肛门，不让自己"尿裤子"或"屙裤子"。

但并不是所有的昆虫都会憋着，有的昆虫，如壁蜂，就采用边吃边拉的方法。它会先吃很多食物，将蜂房腾出一大块地方，然后再开始排便。

还有的昆虫更管不住自己的肛门，更不会憋着，如负泥虫。它会将自己排的便加工成一件外套，直接穿在身上避暑——这种做法虽然不会使便便与食物混淆，但却恶心极了！

黄斑蜂也属于"憋不住"的类型，只是它不会像负泥虫那样令人倒胃口。刚开始的时候，黄斑蜂幼虫只是安心地吸吮蜂蜜，食物吃到一半的时

候，它就开始排便了。排便持续到食物吃光，所以它不可避免地要处理好食物和粪便的问题。

它的做法是：将粪便向后拱，一直拱到蜂房的边沿，然后吐几根丝将粪便拴在那里，这样便便就远远离开了食物，不会与食物融在一起了。后来粪便越积累越多，黄斑蜂幼虫的四周渐渐围成一座半丝半粪便的屏障，这就是

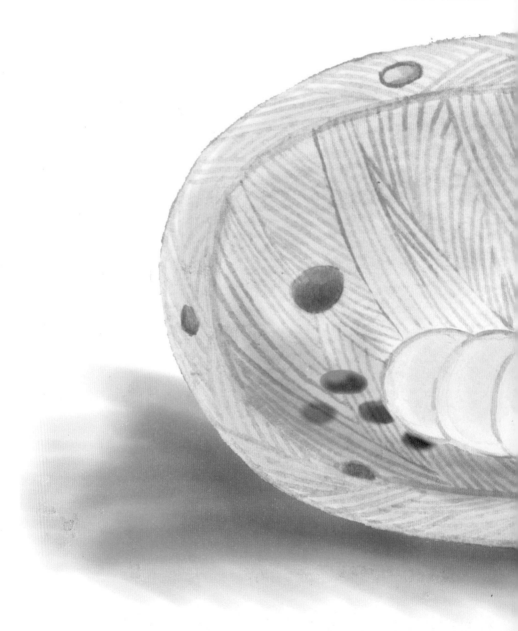

幼虫蛹室的毛坯了。那些扔不出去的垃圾，幼虫就让它挂在天花板上，不会与蜂蜜混合就可以了。这样一直持续到进食完毕、幼虫开始造茧为止。

　　别的昆虫是食物吃完之后才开始吐丝，黄斑蜂却是与众不同的。为了解决便便的问题，它在食物吃到一半时便开始吐丝，丝与便便相互缠绕，构成了蛹室的雏形。这样既解决了卫生问题，又解决了房子的问题，一举两得。

马赛克式蛹室

所有的食物都吃完后，黄斑蜂便开始正式建造蛹室了。它先吐一层丝，将自己牢牢裹住。这种丝先是纯白的，后来变成了有黏合效果的红棕色，丝与丝相互交错，形成色彩交错的纱布，很像马赛克。随着丝的不断增多，纱布离半丝半粪便的毛坯越来越近，最后黄斑蜂终于抓住毛坯，使毛坯与马赛克式纱布融合在一起，蛹室的建筑也就完成了。

泥蜂和大唇泥蜂喜欢用沙粒来加固蛹室的纱，黄斑蜂幼虫没有沙粒，它唯一的固体材料就是粪便，所以它便采用了这种蛹室制造方法。不过尽管如此，它的蛹室依然很牢固，没有亲眼看见这个过程的人，根本想不出来这个奇怪的马赛克式蛹室是怎样造出来的。你会发现，那个优雅匀称的蛹，很像一个用细竹条编成的竹篓，淡黄色的粪便，就像充满异国情调的小柱子那样镶嵌其中。我第一次看到这样的蛹室时，真是惊讶极了，一方面是想不出来它的建筑材料来源；另一方面，是根本没想到黄斑蜂幼虫能将那么令人恶心的便便与丝一起加工成优美的艺术品。

这个马赛克式蛹室还有另一个令人惊奇的地方：它头部那端是一个短短的圆锥形突起，尖端地方是一个窄窄的孔。这样含有一个窄孔的蛹室，是最具有黄斑蜂建筑特色的地方，迄今为止我还没有发现其他昆虫的蛹室有这么一个"出

气孔"。

之所以称它为"出气孔"，是因为这个孔能保持里外相通。我猜想，黄斑蜂幼虫在建造蛹室的时候，一边将圆锥形底部打磨得又光又圆，一边会时不时地将大颚伸入这个孔中，颚尖使得孔道慢慢向外突出，然后它再张开大颚，使蛹室内壁微微扩张。如此慢慢强化，不断地调节孔的大小，终于做成了这个"出气孔"。

我不确定这个孔是否用来呼吸，只是设想蛹室内需要这样一个进气的口。幼虫在蜂蜜的蛹室里，很可能会因为缺少氧气而窒息。其他昆虫的蛹室之所以没有这样一个孔，是因为蛹室墙壁有这样交换新鲜空气与污浊空气的气孔。就像鸟蛋中的鸟儿一样，虽然完全封闭在蛋壳中，但蛋壳的微气孔却可以为它提供进气和出气的通道，使里面的生命保持呼吸。

会不会是因为黄斑蜂幼虫的蛹室没有这样的气孔，不透气，所以它需要特制一个"出气孔"呢？不清楚。现在我姑且认为它就起这样的作用吧！至于这个孔的真正用途，以后有机会我会再研究。

它喜欢的植物

我说过，昆虫有辨别和选择的能力。切叶蜂既喜欢丁香和玫瑰的叶子，又不肯放弃其他柔软有弹性的叶子，如英国山楂树的叶子、葡萄藤叶等，哪怕是它不认识的异国植物，只要它觉得叶子符合建筑条件，也会不假思索地切割。这就是鉴别力的应用。

以植物茸毛为原材料的黄斑蜂，在选择植物的时候，也会听从鉴别力的指导。

长期追逐黄斑蜂的结果，让我发现了这样一个事实：所有的黄斑蜂都会不加区别地选择一切有茸毛的植物，有茸毛的菊科植物尤其受它们欢迎。

我搜集的一份植物清单是这样的：两至生矢车菊、圆锥花序矢车菊、蓝刺头、伊利大翅蓟、蜡菊、日耳曼絮菊。还有一些唇形科植物，如普通夏至草、黑臭夏至草、假荆介属植物。还有一些毛蕊花属茄科植物。

尽管我记录的这份清单还很不完整，但我们已经可以看出问题了：这里面包括了好几种外表看来差别很大的植物。如伊利大翅蓟长着红色的茸球，它有一个高傲得像大烛台一样的枝干；蓝刺头长着天蓝色头状花序，它的茎很卑微；毒鱼草有宽大的蔷薇花装饰；两至生矢车菊有瘦弱的叶片装饰；

埃塞俄比亚鼠尾草有银光闪闪的浓密须毛；蜡菊却只有短短的茸毛……除了都有茸毛，这些植物在外表上没一点相似之处，黄斑蜂却将它们归为一类：能提供建筑材料的植物。只要某种植物上有它需要的茸毛，不管这种植物长什么样子，在黄斑蜂眼里都是一样的，都是被选择的对象。

我还发现，被黄斑蜂青睐的植物，除了要有茸毛以外，还必须要满足"干枯"这个条件。我从来没见一只黄斑蜂在一株新鲜的植物上采摘茸毛。因为这些植物上的茸毛上有水分，容易发霉。发霉则可能产生毒素，而毒素可能会影响孩子的生活质量。就像人类生活在充满甲醛气味的房间里会生病一样，黄斑蜂的妈妈也不允许

自己的孩子生活在充满毒素的蜂房。

　　另外，黄斑蜂还是忠诚度比较高的虫子。我曾见过这样一幅情景：一只黄斑蜂在一株植物上采摘一次茸毛之后，就飞回去建造蜂房了。过了一会儿，它还会再飞回来，继续在同一株植物上，接着自己上次采摘的地方继续劳动。劳动的时候，它先用大颚刮起植物茎上的茸毛，然后将这些茸毛一小撮一小撮传到前腿上，然后再紧紧地搂在胸前，慢慢揉搓，搓成一个小圆球。当球像一个豆子那么大的时候，它便伸出大颚，叼住圆球，然后抱回去。如果同一株植物上的茸毛没有刮干净，那么第二天它还会出现在同一株植物上，同一根茎干上，同一片叶子上继续刮。直到将这株植物上的茸毛都刮干净，它才会去寻找其他有茸毛的植物。

小贴士

你知道吗？在选择植物的时候，黄斑蜂与切叶蜂一样，都不假思索地选择了毫不相识的植物，好像它已经认识了好几百年一样。

我在荒石园中种了两种异国植物，南欧丹参鼠尾草和巴比伦矢车菊。

南欧丹参鼠尾草是一种野菠菜，它是十字军东征的时候法国士兵从巴勒斯坦地区带回来的。由于当时这位士兵用这种野菠菜治好了自己的风湿病和面部刀伤，因此成为中世纪领主最喜爱的植物之一，被广泛种在城墙边上。虽然今天已经没有封建贵族，这种野菠菜依旧忠诚于自己的领主，仍然喜欢在墙边生长。

尽管野菠菜几百年前就来到了法国，但这种植物在我们这个地区却是很少见的，我在全省观察了很久，只在一片废墟中遇见过一次。现在为了黄斑蜂，我将这种本地区稀有的植物移到我的荒石园中。因此对于我的蜜蜂来说，南欧丹参鼠尾草绝对是一种陌生的植物，它肯定没见过它的茸毛。

巴比伦矢车菊来自于幼发拉底河流域，它与本地的矢车菊一点都不同，它长得又高又大，茎秆有孩子的手腕那么粗，约有3米多高，一簇簇黄色的茸球就矗立在最高

处，宽大的叶子平铺在地面上，看起来非常"壮观"。总之，我们这个地区从来没有植物长得像它这么粗壮，这里的黄斑蜂在此之前肯定也没见过这种植物。

粗壮的巴比伦矢车菊最先被我搬到荒石园，黄斑蜂立即为上面一簇簇的茸毛所吸引，"嗡嗡嗡"地就飞过来采集了。它非常热情，好像这株巨人与平常它所见的普通矢车菊一样，都是它最熟悉的朋友。当我将南欧丹参鼠尾草搬到荒石园的时候，它又立刻将视线移过来，好像拣到金元宝一样，非常高兴。冠冕黄斑蜂尤其喜欢这种异国植物的绒毛，连续三四周，我都发现它在南欧丹参鼠尾草上采集绒毛。

这两种植物都有黄斑蜂最喜欢的茸毛。它似乎很兴奋，一会儿飞去采集巴比伦矢车菊，一会儿飞去采集南欧丹参鼠尾草，忙得团团转，似乎不知道先采集哪一个才好。冠冕黄斑蜂似乎更喜欢南欧丹参鼠尾草，也许这种植物的绒毛更洁白细腻，容易让它发挥自己的艺术特长吧！

黄斑蜂在采集这两种植物的时候，我都仔细观察了。它同样是先用大颚刮绒毛，再用腿揉搓成球，与采集本地的矢车菊没什么不同。这种不加区别的选择植物与切叶蜂的情况一致。

由此可见，昆虫在选择植物的时候，不管是熟悉的植物还是不认识的植物，只要它觉得符合自己筑窝的需求，它都会毫不犹豫地选择。它对陌生植物的接受是突然间完成的，不用通过反复的试探，也不需要时间的推移，更没有谁的教导。有些人认为生物的进化是随着时间的推移完成的，至少在切叶蜂和黄斑蜂身上是不成立的。

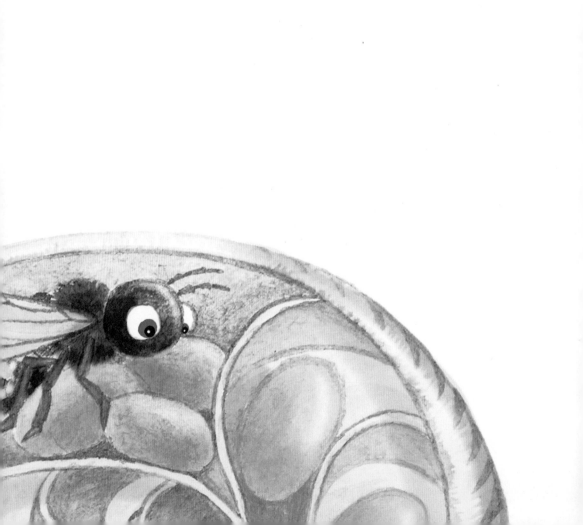

偏爱树脂的蜂儿

被误叫了的名字

丹麦学者法布里休斯根据昆虫的触角、大颚、翅膀等外观特征，为黄斑蜂取了"黄斑蜂"这个名字。可是生命是多么高贵呀，我们怎么能如此草率地对一只昆虫盖棺论定呢？

假如说有一种比人类更高级的动物，它将我们人类捉到实验室中制成标本，然后用放大镜仔细观察，得出我们是"有着一个鼻子、一个嘴巴、两只眼睛、两只耳朵、有四肢没有尾巴的动物"这样的结论，我们会怎么想？肯定会觉得很委屈吧？昆虫也是一种生命，它们除了长着触角、翅膀这些器官，它也像我们人类一样，有工作，有悲欢离合，有喜怒哀乐，有自己丰富多彩的人生。正如更高级的动物不能轻视人类的生命一样，我们也不能轻视昆虫的生命。

因此，一种昆虫，我们除了认识它的触角、大颚、翅膀这些器官，还应该关心它们的思想，关心它们的生活，这是对生命最起码的尊重，也是了解昆虫生活习性的最基本工作。我们不能拿着放大镜观察一下刺胫蜂的尸体，就粗暴地

将这种搬运石头的虫子叫做木匠或只干木活儿的蜂儿。类似这样名不副实的昆虫还有很多，例如泥蜂等。所以我呼吁未来的昆虫学家，不要总是对着一只昆虫标本做研究，因为它之前也是一个鲜活的生命，我们应该跟随这个生命来考察它一生的悲喜。

第一次我听到"黄斑蜂"这个名字，还以为这种虫子喜欢花儿呢。它是喜欢在花朵上采蜜的虫子吗？没错，它也采蜜。但是我想，如果法布里休斯了解黄斑蜂的习性，观察到它喜欢植物茸毛这个特征的话，可能会给它取一个更符合它身份的名字，比如说叫它"采茸蜂"。这样，别人一听就知道它的喜好及职业特征。

之所以要根据采茸这个特征来限定黄斑蜂的名字，是因为"黄斑蜂"这个名字太大了，至少我们地区就有两种不同的昆虫都可以叫做黄斑蜂。一种黄斑蜂，前面我已经为大家介绍过了，就是那个喜欢采集植物茸毛的"采茸蜂"；另一种黄斑蜂与这一种类似，但是它喜欢采集树脂，无论是松树、柏树，还是刺槐的树，只要有树脂，它都会将这些树脂采回去，用作造蜂巢的材料，所以我叫它"采脂蜂"。

鉴于"采脂蜂"和"采茸蜂"截然不同的生活习性，所以我不再笼统地称之为黄斑蜂，而是用一章的内容专门描写采脂蜂的生活习性。

蜗牛壳中的居民

　　我在沃克吕兹地区发现了四种采脂蜂，它们分别是七齿黄斑蜂、好斗黄斑蜂、四分叶黄斑蜂、拉氏黄斑蜂。其中七齿黄斑蜂、好斗黄斑蜂与壁蜂一样，喜欢居住在蜗牛壳中，我就称它们为"蜗牛壳中的居民"。

　　最善于找蜗牛壳的是壁蜂。如果你找到一个塞满烂泥的蜗牛壳，那么它就很可能是一个壁蜂的窝；如果你找到的是一个堆满泥巴和树脂的蜗牛壳，那么恭喜你，你发现的是一个采脂蜂蜂巢。

　　之所以要恭喜你，是因为采脂蜂的蜂巢很难找。我经常在土堆里挖很深，累得我腰酸背痛，手指也痒痒的，还找不到一个。采脂蜂蜂巢之所以这么难以寻找，是因为它的窝很难辨认。一方面是因为壁蜂蜂巢太多了，乍一看它的蜗牛壳与采脂蜂没什么不同。要仔细鉴别一下才知道一个蜗牛壳属于壁蜂还是属于采脂蜂。壁蜂的蜂巢相对容易辨认，因为它是用泥土做盖子，只要发现蜗牛壳中充满了泥，就可以排除采脂蜂了。

　　真正令采脂蜂蜂巢难以被人发现的是另外一个原因：采脂蜂喜欢在蜗牛

壳旋转的底部通道里建房子。蜂房离敞开的口很远，我们的眼睛很难看清里面是什么东西。我曾举起无数个里面不知塞满了什么的蜗牛壳对着阳光看，试图窥测到里面居民的居住情况。

经验表明，如果蜗牛壳是完全透明的，说明里面什么也没有；如果第二圈螺旋不透明，说明里面藏着东西，但这仍然不能证明里面是什么，必须借助工具才知道。我总是随身携带一把小铲，如果看不清里面有什么东西，我就用铲子在底部一圈的螺旋中间挖一个小小的洞，当作我偷窥的窗户。如果能看到一层有砾石渣的树脂在阳光下发光，那么今天的劳动就没有白费，这

就是一个货真价实的采脂蜂蜂巢了。

　　为了找到一个蜂巢，我得付出多少次失败的代价！谁又知道我多少次兴致勃勃地用铲子挖个小窗结果却失望地丢掉？付出不一定有回报，工作不一定充满乐趣。为了了解采脂蜂的真实情况，我反反复复寻找了多次，终于成功了，采脂蜂的隐私终于大白于天下！

环游蜗牛壳一圈圈

　　采脂蜂最喜欢用轧花蜗牛壳，偶尔也会用森林蜗牛壳和草地蜗牛壳。我儿子甚至找到过一个庞大的黏土蜗牛壳。这个像菊石一样美丽的蜂巢，我得拿出来让大家好好欣赏欣赏。

　　这个菊石状的蜂巢中，从开口往里螺旋的3厘米长的地方，是采脂蜂的前庭。可前庭里并没有我想象的垃圾或其他堵塞物，而是空空如也。前庭后面，我看到了一层隔墙，也就是蜂房的天花板。

　　这次我之所以能通过入口看到蜂房的情况，是因为这个蜗牛壳的直径不是太大。而其他采脂蜂蜂巢，蜗牛壳迅速螺旋，里面的通道直径迅速扩大，所以采脂蜂会将蜂巢建在最深处，眼睛没法看到。因此我认为，通道直径的大小可以决定隔墙的位置。建筑在通道里面的蜂房，必须要有一定的长度和宽度，保证采脂蜂在建造房子的时候可以自如地转身。如果它认为某个蜗牛壳的直径大小刚好，那么它就将隔墙建在最后一圈的螺口，这样我就可以用肉眼看到蜂房的天花板。满足这种"刚刚好"条件的蜗牛壳，一般只有森林蜗牛壳和成年的草地蜗牛壳及幼小的轧花蜗牛壳。

　　不过，无论蜂巢建在蜗牛壳的什么位置，蜂巢的表面最后都要被镶嵌上粗糙有棱角的小石子，它们被"胶水"粘在蜂巢上。这种"胶

水"呈琥珀色，半透明，放在酒精中会溶解，用火点燃，火焰会冒烟，散发出一股强烈的树脂味。根据化学知识，"胶水"的组成材料显然是树脂。

不过说到镶嵌的小石子，这又让我想起昆虫的艺术。有些胡蜂喜欢在蜂巢上镶一些闪闪发亮的小石子、小贝壳，让自己的房子看起来像一个水晶宫。采脂蜂也有相同的爱好，如果它能找到一些漂亮的小石子，立刻就会高兴地将这些装饰品镶嵌到蜂巢中，结果呈现在我们面前的蜗牛壳就好像一个坐落在砾石中的灰蛹螺。

走过空荡荡的前庭，穿过镶嵌着小石子的围墙，一整圈螺壳路障像一条护城河一样挡住了我们前进的道路。这些路障是由松散的碎屑修成的，也是采脂蜂妈妈特意准备的，它的作用就像黄斑蜂的丝质垒壁，就像切叶蜂的碎叶子，其目的都是防止敌人入侵。真奇怪，这些蜂儿完全属于不同的家族，但却有着一样的防御体系，只是大家用的材料不同罢了。

我观察了很多蜗牛壳，有的采脂蜂会设置防御体系，有的则没有。一般被设置防御体系的，是较大的蜗牛壳，采脂蜂会隔一段距离就造一个路障。

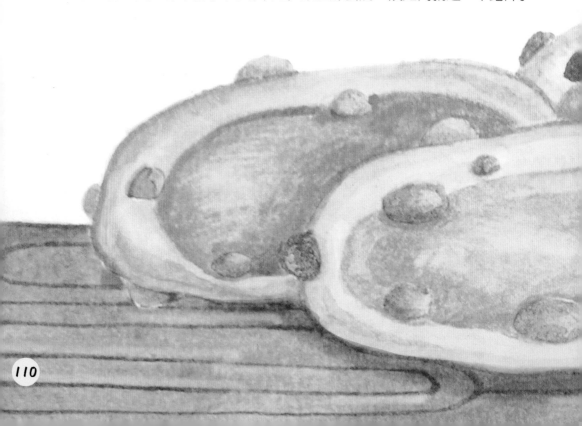

这种蜗牛壳体积太大，前庭显得空荡荡的。如果是一个小蜗牛壳（如森林蜗牛壳），就没有设路障。我统计了所搜集的全部蜗牛壳，结果发现有路障的和没有路障的各占一半。为什么有的准备了路障有的却没有？我现在不清楚这里的玄机。

根据我的经验，防御体系后面，一般跟着的就是蜂房。经过前面那些难走的路障，前面就应该是蜂房了吧！

不过看到它的蜂房，一句话不由得冒出来：树脂墙，树脂房，离了树脂不能藏。因为它的蜂房除了借助蜗牛壳的内壁，其余都是树脂做成的，墙壁和隔墙都是同样的材料，没有一点其他建筑材料。只是蜂房的数量不是很多，一般不会超过两个。第一个蜂房，由于在螺旋通道中直径较大的地方，所以应该是雄蜂的蜂房——采脂蜂的雄蜂比雌蜂大。第二个蜂房，直径稍微小一些，是雌蜂的闺房。现在看来采脂蜂的工作太简单了，不用挖通道，只是采集一些树脂，在蜂房之间竖一堵隔墙就行了。

发生在前庭的惨案

　　由于都喜欢蜗牛壳的缘故，所以当采脂蜂被我请进实验室的时候，蜗牛壳中的另一部分居民——三叉壁蜂，也被我请进了实验室。它们在蜗牛壳中各自的蜂房里，分别忙碌着自己的事情，大家暂时相安无事。

　　最先羽化的是七齿黄斑蜂，它早在四月份就羽化了。它出来的第一件事，仍然是寻找蜗牛壳。三叉壁蜂与七齿黄斑蜂差不多同时羽化，它在四月的最后一周开始筑巢，这就意味着它现在也需要大量的蜗牛壳。如果谁缺少了蜗牛壳，它也不敢明目张胆地抢对方的，因为对方必定会誓死捍卫自己的家园。好斗黄斑蜂七月份才羽化，在八月份才开始筑巢。

　　无论是七齿黄斑蜂还是好斗黄斑蜂，蜗牛壳入口3厘米长的地方它们都弃之不用，形成了一个空荡荡的前庭。这点与三叉壁蜂完全不同，三叉壁蜂只

要觉得直径大小合适，就会将卵产满整个蜗牛壳。为什么采脂蜂要留这样一个前庭呢？是因为树脂太昂贵不敢轻易浪费吗？还是考虑到容易流动的树脂会给蜂巢带来威胁？不清楚，但我真的很好奇它们为什么将前庭留出来，这个空荡荡的前庭就像一个炸药包一样，时刻威胁着好斗黄斑蜂家族的未来。

当三叉壁蜂在四月份筑巢的时候，好斗黄斑蜂还是一只没有羽化的蛹。那些热情寻找蜗牛壳的三叉壁蜂，很容易就会将好斗黄斑蜂空荡荡的前庭当作一个可利用的通道，才不管3厘米之外有没有人住，只管在这里建房子，一直将房子建到蜗牛壳的出口。

我们不能鄙视三叉壁蜂的强盗行为，因为四月份的时候它并不会抢占邻居七齿黄斑蜂的蜗牛壳，现在也不可能抢占好斗黄斑蜂的蜗牛壳。只是现在好斗黄斑蜂还在沉睡中，它的前庭又空着不用。"别人用不着的东西，我拿来用没关系吧？"三叉壁蜂就是这样想的，于是它趁主人还在沉

睡时就占了人家的地基。

　　到了七月份，轮到好斗黄斑蜂羽化了。它很容易就钻破了树脂做成的隔墙，穿过砾石堆成的路障。现在，它到了前庭，马上就要

自由了。可原本空无一物的前庭现在被一排三叉壁蜂蜂房堵住了，而且蜂房里的居民现在还是幼虫和蛹，它们要等到来年春天才会羽化。好斗黄斑蜂也想过钻破三叉壁蜂的墙壁，冲出牢笼，可现在它刚刚钻过几层树脂，已经没有力气再钻三叉壁蜂的土建筑了。好斗黄斑蜂就这样被困在蜗牛壳中，最后它不是累死，就是困死，很少有谁活着走出这个地方。

　　令人惊奇的是，好斗黄斑蜂被活埋的家族成员有这么多，但它们依旧不吸取经验教训。它的后辈依然会在蜂房前面留一个前庭，为三叉壁蜂留一个凶杀现场，自己的后代依旧被活埋于三叉壁蜂城堡下面。

是什么决定了职业?

这又让我想到另一个问题：同样是黄斑蜂，有的喜欢采集植物茸毛，有的喜欢采集树脂，可能还有别的昆虫有其他爱好。我就是不明白，大家看起来长得几乎一样，为什么却会选择茸毛、树脂这样两种完全不同的东西筑巢？

有人说，这是因为它们的加工工具不同。因为采集茸毛的黄斑蜂有一把像梳子一样的东西专门梳理植物茸毛。采集树脂的黄斑蜂，前面有一个缺口，好像一个将树脂分开加工成团的勺子。

事实是这样吗？一贯的谨慎告诉我要去检查一下。我用放大镜检查，果然发现这两种黄斑蜂都同时长着一把梳子和一个勺子。而且，我发现好斗黄斑蜂不但有一把勺子，还有一个像梳子一样的锯齿，四分叶黄斑蜂、拉氏黄斑蜂也同时长着两种劳动工具。

可见，工具并不能决定昆虫是采茸工还是采脂工。

螺赢也是一种采脂工，它也喜欢在蜗牛壳中建造房子，跟七齿黄斑蜂和好斗黄斑蜂的工作性质没什么区别。可是将螺赢和黄斑蜂放在一起，眼睛没有问题的人都能看出它们属于两种完全不同的昆虫。更神奇的是，螺赢的大

颚既不像勺子，也不像梳子，而像一把末端有点锯齿的钳子，这把"钳子"同样也是采集树脂的最妙工具。由此可见，不论是工具的形状，还是工人的外形，都不能成为判断它们是采茸还是采脂的依据。

壁蜂用烂泥和嚼碎的树叶竖隔墙，石蜂用水泥筑蜂巢，长腹蜂用黏土，切叶蜂用椭圆形或圆形叶子，采茸蜂用茸毛，采脂蜂用树脂，木蜂和刺胫蜂用木头，条蜂在斜坡上挖地道……究竟是什么原因让昆虫们选择了各自不同的职业呢？

有人说是因为它们的工具不同，这个答案早就得到了大家的认同，但现在我已经证实了这个答案的不合理性。

究竟是什么决定了昆虫的职业？只有一个原因：天赋秉性。采茸蜂会采集茸毛，是因为它天生就会，这是它的本能；采脂蜂会采集树脂，也是天生的本能。除此之外，没有别的理由能解释。

小·贴士：进化论的悲剧

你知道吗？达尔文的进化论虽然作为一套科学的理论被人们广泛地接受，但这个理论在昆虫领域却有很多解释不通的地方。

比如说，进化论认为，本能是后天一点点学习得来的。昆虫在劳动中偶然发现的有利于竞争的行为，会逐渐被昆虫记忆、遗传，逐渐成为整个家族的能力。所以今天的昆虫比远古时代的昆虫拥有更多的生存技能，也变得更优秀。

但这种认识只是一种推论，并没有事实的根据。相反，昆虫不但不支持这个理论，反而用愚笨的行为推翻了这个结论。例如，好斗黄斑蜂喜欢在蜗牛壳中留一个空荡荡的前庭，结果这个前庭被三叉壁蜂用来盖了房子，黄斑蜂幼虫羽化出来时就被三叉壁蜂的土房子给活埋了。尽管好斗黄斑蜂家族世世代代都这样被活埋，但它们依旧没有吸取教训，依旧没有进步。下一次建造房子的时候，它依然会给三叉壁蜂留一个前庭，让它继续活埋自己的家族。

进化不就是让大家记住一些优秀的技能而逐渐进步吗？为什么千百年来好斗黄斑蜂没有一点进步？难道它永远止步不前不肯让自己的家族活得更好一些吗？进化论不回答这个问题，也回答不了。

再比如说对"采脂"这个工作的解释。进化论者会说：很久很久以前，一只蜂儿发现了一个空蜗牛壳，就好奇地钻了进去。它很快发现，蜗牛壳可以为它遮风挡雨，就在这里定居了下来。这个好住处也被它的子孙后代发现了，于是黄斑蜂家族就养成了世代以蜗牛壳为家的习惯，习惯久了，就成了本能。同样的事情也会发生在建造房子的时候，一只蜂儿偶然得到了一滴树脂，它发现树脂这种东西很柔软，可以随意把它捏成自己喜欢的样子，非常适合筑隔墙。更妙的是，这种东西很容易变硬，能让它的天花板变得更结实。这只幸运的蜂儿大胆地尝试着用树脂造房子，结果发现比预期的效果还要好，于是树脂就成为它常用的建筑材料。渐渐的，它发现在树脂上粘一些小石子、

小甲壳，既可以加固房子，又可以美化房子，于是它又养成了以小石子、小甲壳造房子的习惯。然后它们又发明了路障，结果发现这个建筑设施会让整个家庭成员更安全。于是原本那个空空的蜗牛壳，经过蜂儿的不断加工和改善，就成了今天我们所看到的既防潮又牢固又安全的蜗牛壳别墅。世世代代的黄斑蜂都养成这样的居家习惯，就成了本能。

如此美妙又合理的推测看起来非常完美，但它就是缺少一样至关重要的东西：证据。谁亲眼看到了蜂儿们如此不断完善房子的过程？谁能为我举例说明本能来自于后天不断学习的事实？谁也不敢拍着胸口说"我能"吧！

空有理论没有证据，一切结论都免谈。

圣株胭脂虫

伟大的母亲

　　圣栎胭脂虫也是一位伟大的母亲，它像狼蛛母亲、蝎子母亲、蜡衣虫母亲一样，有着非同一般的育儿方法。

　　如果你仔细观察圣栎树或绿橡树的话，会发现树枝上有一些豌豆般大小、黑得发亮的小球。千万别把它当作圣栎树的果子，尽管你用牙一咬，里面会流出略带苦味的甜汁，即使你放在放大镜下观察也看不出什么异常。但它确实不是植物的果实，而是圣栎胭脂虫——虽然它没有头、没有腿、没有一个虫子应该具备的器官。

　　我很容易就将小球从树上摘了下来，跟摘一个苹果没什么区别。球的底部比较平，有一层蜡白色的粉，散发着乳香的气味。将它放在酒精里泡一天，粉就溶解了，露出我所希望的部分。但仍然看不到昆虫的器官，只是球的表面有吸盘而已，其他地方都是光秃秃的。球接触树枝的那一边，有一条凹纹。凹纹的低端边缘有一个狭长裂口，胭脂虫就通过这个裂口和外界接触。它吸取圣栎树的汁液，再从这个"泉眼"中涌出糖浆，蚂蚁们经常跟在它的屁股后面喝糖浆。胭脂虫不容易被发现，只要看到一只或一群蚂蚁往树上爬，跟着它们准能找到胭脂虫。

五月底，我砸开了一些小球，看到里面有很多卵，除此之外什么也没有。原本我以为这里会有一个储存树汁的仓库和蒸馏器呢！现在看来，胭脂虫确实太不像昆虫了，它的身体只是一个装满卵的盒子而已。白色的卵一个挨着一个，大约有30组。它们整整齐齐地排列着，乍一看像一堆毛茸茸的瘦果。每组卵的螺旋状导管互相缠绕，看起来乱七八糟的，根本无法看清楚一组卵有多少枚。100枚是有的，那么一个球里面就有至少3 000枚卵。可惜的是，这么多后代，存活的却是少数。一种小蜂的幼虫会钻进胭脂虫的外壳，偷吃里面的卵，这样野蛮的事我见得太多了。

六月底，圆球不再往外流汁液了，蚂蚁们也不再跟着它喝糖浆了，这

说明胭脂虫的身体正在发生巨大的变化。我用一把剪刀挖开它的硬壳，里面的情形真是令我大吃一惊——尽管它长时间吸食树汁，但体内却没有一点液体，连一块肉肉也没有，有的只是白色和红色混合成的干粉。我将这些干粉放到放大镜下面，没想到这些干粉就是小生命，它们竟然动了起来。白色的粉是没有孵化的卵；红色粉则已经孵化，成了活动着的小昆虫。

　　这个细节告诉我，胭脂虫不产卵，卵没有被排出体外，而是在母亲的硬壳内，在母亲的卵巢内。它们原本怎样排列的，还怎样排列，之后它们在

母亲的卵巢内成了一袋袋的虫子。属于雌胭脂虫自身的东西，就剩下一层外壳。简言之，胭脂虫最后把自己变成一个一个育儿箱子，它把生孩子的过程，简化到不能再简化的地步。这就是一只小虫子的奇迹。

雌胭脂虫腹下有一个裂口，这里是时刻敞开着的。解放的时刻来临，小胭脂虫就从这里钻出去，然后分散到各个树枝上。适当的时候，它们会钻入圣栎树下面的泥土中，明年春暖之时再回到树枝上变成一个小球，像它们的母亲一样吸取浆液，产子。

图书在版编目（CIP）数据

技艺高超的昆虫：土蜂、长腹蜂 /（法）法布尔
（Fabre, J. H.）原著；胡延东编译. — 天津：天津科技翻
译出版有限公司, 2015.7
（昆虫记）
ISBN 978-7-5433-3497-7

Ⅰ. ①技… Ⅱ. ①法… ②胡… Ⅲ. ①土蜂科—普及读
物 ②长腹蜂科—普及读物 Ⅳ. ①Q969.553.1-49
②Q969.54-49

中国版本图书馆 CIP 数据核字（2015）第 103973 号

出　　版：天津科技翻译出版有限公司
出 版 人：刘 庆
地　　址：天津市南开区白堤路 244 号
邮政编码：300192
电　　话：（022）87894896
传　　真：（022）87895650
网　　址：www.tsttpc.com
印　　刷：三河市兴国印务有限公司
发　　行：全国新华书店
版本记录：787×1092　16开本　8印张　160千字
　　　　　2015 年 7 月第1版　　2015 年 7 月第 1 次印刷
　　　　　定价：23.80元